对不起，我可能对人过敏

吴冕 著

人民邮电出版社
北 京

图书在版编目（CIP）数据

对不起，我可能对人过敏 / 吴冕著. -- 北京 : 人民邮电出版社，2023.9(2024.5重印)
ISBN 978-7-115-62178-8

Ⅰ. ①对… Ⅱ. ①吴… Ⅲ. ①内倾性格－通俗读物 Ⅳ. ①B848.6-49

中国国家版本馆CIP数据核字(2023)第121617号

内容提要

你不想说话，别人却以为你高傲孤僻；你爱倾听，别人却以为你优柔寡断；你只想安静，别人却以为你不敢发声；你不想打电话，只想用文字交流，却会给沟通带来误会和麻烦。

内向的人总是在职场中被“透明化”，在人际关系中被“边缘化”，这给他们带来很多心理上的困扰。其实，内向不是一种性格缺陷，它就是性格的一种。本书作者生动描述了内向型人格的特质，分析内向者在职场、沟通、亲密关系等场景中碰壁时，该如何找到摆脱困境的方式。作者还分享了内向心理咨询指导案例，从这些内向者的故事中，你会重拾自信，找到与内向性格和解的方式。

内向又怎样?！你本来就很棒！你有自己行走的速度、做事的节奏和沟通的方式。希望这本书能帮助内向者正确认识和了解自己的本性，找到内向性格背后的心理需求，发掘内向性格的优势，主动规划属于自己的生活方式。

◆ 著　吴　冕
责任编辑　谢　明
责任印制　彭志环

◆ 人民邮电出版社出版发行　　北京市丰台区成寿寺路 11 号
邮编 100164　　电子邮件 315@ptpress.com.cn
网址 https://www.ptpress.com.cn
河北京平诚乾印刷有限公司印刷

◆ 开本：880×1230　1/32
印张：11.75　　2023 年 9 月第 1 版
字数：250 千字　　2024 年 5 月河北第 6 次印刷

定　价：59.80 元

读者服务热线：（010）81055656　印装质量热线：（010）81055316
反盗版热线：（010）81055315
广告经营许可证：京东市监广登字20170147号

推荐语

每个人都是与众不同的，都有自己的人生节奏。这本书向我们展示了内向的人如何利用自己的天赋和优势，打造属于自己的人生。

于海燕　中国心理学会科普委心理科学传播专家
润微心理创始人

很多人对内向性格有误解，认为它是一种缺陷。但这本书让我们明白，安静的人拥有独特的力量，千万不要低估一个内向的人。

许川　相待心理创始人
资深家庭治疗师

无论是外向还是内向，都有自己独特的优势，而天赋也恰恰藏在每种性格的缺点里。所以内向性格不是困住你的牢笼，而是成就你的力量源泉。这本书是内向性格者的指明灯，从这里开启你闪闪发光的人生吧！

石卉　心理畅销书《够得着的幸福》作者

青岛成长心理研究院院长

前言

“对不起，我可能对人过敏。”这是一个内向的人说过的让我印象深刻的话。

仔细想一想，似乎确实如此。内向的人不会聊天，别人说十句，他才会憋出一句，还是“嗯”“啊”“没有”这类的极简词，聊着聊着就把天聊死了。

内向的人也不太会处关系，别人高兴的时候，不会一起嗨、不会营造气氛，别人难过的时候，不会说暖心的话、不会安慰人。

内向的人还不爱沟通，工作上总是自己一个人闷头去做，做了什么，做到什么程度了，别人都不知道，让领导的心里总是焦躁不安。

总之，只要一接触人，内向的人就会手足无措，产生“过敏”反应。

因为这样的情况，很多人得出了这样一个结论：内向性格是一种缺陷，你要变得外向一点儿。

我刚大学毕业的时候，对此也深信不疑。为了改变自己内向的性格，我特意选择了一份销售的工作，希望用这种倒逼的方式强迫自己去表达，去和陌生人交往，从而成为一个能适应这个社会的人。

但结果，那却是我人生中最糟糕、最迷茫的一段时期。当你拼命去做一些不符合你本性的事情时，你会真切地体会到什么叫事倍功半，什么叫举步维艰。

后来有一天，我突然问自己：“为什么非要和自己的性格作对呢？为什么非要变成一个自己都不喜欢的人呢？”

然后，我选择了和解，不再和自己较劲儿，开始听从自己内心的声音，按照让自己舒服的节奏去生活。

我不喜欢说话，但我喜欢写作；我不喜欢人多时的热闹，但我喜欢独处时的自省和思考；我在很多的事情上都像木头一样笨拙，但在心理学领域却充满了热情和洞察力。

当我不再死盯着自己身上的问题，而是将目光转移到自己喜欢、自己擅长的事情上时，不仅内在的身心放松了下来，外在的工作和生活也变得越来越好，越来越有起色。

原来只有当你真正做自己的时候，才可以遇见更好的自己。

因此，内向的人即便对人过敏，也不代表内向性格是一种缺陷。内向和外向都只是性格的一种，它们有差异，有不同，但没有高低好坏之分。

我们评价一个人的价值，主要取决于两点：一是事务层面的价值，就是这个人做事有没有能力，能取得多大的成就；二是人际层面的价值，就是这个人是否善于处理人际关系，以及是不是受别人的欢迎等。

内向的人不喜欢被他人过多地关注，对社交活动常常本能地有一种抵触的心理。所以相比较于外向的人，内向的人在人际关系的层面上不容易找到价值感和成就感。

但是，内向的人更独立、更专注、更理性，他们在处理事情时的深度思考能力往往是外向的人难以企及的。

比如我们所熟知的爱因斯坦、甘地、村上春树等，他们都是性格内向的人。可以说，内向者安静的外表下，往往蕴藏着巨大的能量。

所以，假如你是一个内向的人，不要妄自菲薄，觉得自己的性格不好，更不要因此而自卑。你有你自己独特的天赋，关键是把你自己的优势挖掘出来，充分利用好，这样就能找到适合你的人生节奏。

具体怎么做呢？这是在本书中，我想和内向的朋友们重点探讨的内容。

首先，我们会聚焦在日常生活中内向者关注的一些痛点问题。比如社交中感到焦虑，聊天时找不到话题，害怕与人发生冲突；感情中担心自己没有吸引力，不会和爱人沟通；职场中不敢表达自己，觉得自己没有存在感，等等。通过对这些具体问题和场景的分析，我们可以看到内向的人怎样用适合自己性格的方式来看待和应对挑战，从而更好地掌控自己的生活。

其次，我们还以时间为轴设计了一个人生路线图，为大家展示内向者从出生到年老，在人生的各个阶段会遇到的关键问题，帮助大家找到自己的人生坐标和生活的方向。

如果你是一个内向的人，想更好地了解自己的性格；或者你的家人、你的朋友、你的同事是内向的人，你想知道怎样更好地与他们相处，相信这本书可以为你提供一些有价值的帮助。

最后，我想分享的一点是，内向性格就像金矿一样，本身蕴藏着巨大的能量，只是你不会一眼就看到。只有对自己耐心一点，允许自己的生命按照自己的节奏慢慢展开，你才有机会打开那扇通往自己天赋的门。

希望你早日打开那扇门。

目录

01 内向人格画像

02 社交能力的关键，在于心态

04 你不会聊天，不是因为嘴笨

05 你不必讨人喜欢，你需要的是被讨厌的勇气

06 关系中，和谁在一起真的很重要

09 如何度过人生中那些难熬的时光

12 内向者的人生路线图

与世界保持一只喵的距离。

世界很喧嚣，愿你独自热闹。

插画师：kelasco

01

内向人格画像

内向者是典型的低社交欲望者。他们远离社交，不是因为害怕，而是觉得没兴趣。

龙猫属性的人

关键词：距离感　长情

在宫崎骏先生的作品中，有一个代表性的动画形象——龙猫。在龙猫的身上，其最大的特质就是对人过敏。它通常生活在人类村庄最隐秘的角落，你需要穿过极其曲折而幽暗的丛林通道，才有机会接触到它。龙猫会刻意保持与人的距离，一旦被发现，就会把自己的家当打包好，挑着一个小包裹，偷偷地溜掉。

龙猫远离人，并不是对人怀有敌意，而是不想被人过多地打扰。如果它发现一个人“无害”且不讨厌，也会很愉快地接纳对方并一起玩耍。龙猫外冷内热，当发现别人遇到困难和危险时，它会毫不犹豫地站出来，施展魔法，将这个人从水深火热中拯救出来。

现实生活中，有很多身上闪耀着龙猫属性的人。

- 他们平时话不多，总是沉默寡言

我有一个朋友，路上遇到了熟人，打招呼的方式就是点点头，微微笑，连话都很少说。对他不甚了解的邻居，还一度怀疑他有语言障碍。语言这种能力，很多时候在他们身上处于一种半荒废的状态：有是有，但被使用的频率真的很少。

- 他们与人相处的时候，会本能地保持一种距离感

刚结交这样的人时，你会被他们友善的性格，以及总是带着浅浅的微笑的面容所误导，以为彼此很快就会成为无话不谈的好朋友。但实际上，可能几年过去了，你们的关系还是停留在初见时的状态：认识，但相互了解得不多。

你们之间，感觉总是隔着一堵玻璃墙，以为很容易一脚迈过去，但每次都被撞得心灰意冷。这时候你才意识到，对于有些人而言，靠近他们很容易，但真正走进他们心里就太难了。

而他们在人际关系中似乎很享受这样的状态：我们这样客客气气的就很好，没有必要走得太近。

在关系中，他们对朋友的认定门槛很高。除非他们百分之百确定对方是一个“对”的人，否则在他们的内心中，一律将其视为不必涉及太多私人情感的“路人”。所以，他们的朋友圈很小，也许一辈子就只有那么三五个知心好友。

他们交朋友，都是冲着一辈子去的。很多人的情感会随着时间的流逝而衰减，但他们的不会。你和这样的朋友在一起，即使一年半载没有见面，再在一起时，也能瞬间找到之前那种熟悉和彼此信任的感觉。关系中，他们是最专一、最长情的人。

这样的人，其实有一个大家都很熟知的称呼：内向型性格的人。

揭秘内向性格密码

关键词：低社交欲望　非现实性

从日常表现来说，内向的人在生活中有如下倾向：

- 话少，经常沉默；
- 周末喜欢“宅”在家里，而不是出去聚会；
- 聊天时，是一个很好的倾听者，而不是一个主动的表达者；
- 与真正喜欢且信任的人才会成为朋友；
- 没有把握的话不说，没有把握的事不做；
- 在人多或喧闹的环境中待久了会感觉很累；
- 慢热，需要很长时间才能适应一种新环境，或者适应一个新认识的人；

- 一个人时很有想法，和别人在一起时又变得很没有主见；
- 在社交软件上与人沟通时喜欢发文字，而不是发语音；
- 看起来迟钝，但内心敏感，情感丰富；
- 在一些专业领域内，经常能取得特别高的成就。

从以上可以看出，我们对内向性格的判断主要基于一个人在人际交往中的表现。不同于外向的人在社交中展现出的积极、主动和热情，内向的人在与人相处时会表现得更为内敛和克制。

心理学上有一个概念：自我暴露。意思是一个人自发地、有意识地向他人暴露自己真实且重要的信息。两个人的关系从远到近的转化关键，就是看彼此是否愿意自我暴露。

外向的人很善于自我暴露，喜欢主动表现自我，所以他们在社交场合很容易让他人迅速了解自己，从而赢得他人尤其是陌生人的好感。但内向的人相反，他们对人“过敏”，所以，常常把自己包裹起来，给人一种不了解、看不透的距离感。在某种程度上，这会影响甚至阻碍内向者在社交中有更好的表现。

为什么内向者在人际交往中会呈现这样的特质和倾向呢？一种比较流行的观点认为，造成这种情况的原因主要在于两点。

1. 内向者的社交技能不足。这是在人际交往中很容易就能被感受到的。内向的人少言寡语，聊天时经常不知道说什么，也不善于处理人际关系，不太懂得人情世故。不管是外向者还是内向者本人，都认同这一点：内向的人在社交技巧上确实有很多需要提升的地方。

2. 内向者比较自卑，不敢在社交中展现自己。该观点认为，内向的人在人际交往方面之所以不如外向的人，主要原因在于内心的恐惧——他们害怕与人相处。因为害怕，所以会紧张，他们说起话来磕磕巴巴，或者词不达意；因为害怕，所以会害羞，他们见到不熟悉的人会脸红，整个人会变得很拘谨。正是因为有这样一种判断，很多人在面对身边的内向者时会善意地提醒：“和人相处，你得胆子大一点，脸皮厚一点。”

可实际上，这是一种外界对内向者的刻板印象。其实，内向者不善于社交，最主要的原因并不是害怕与人交往，而是不想与人交往。

恐惧是一种强烈的情绪，是对一个人、一件事或一种场合的本能反应。这种情绪来势汹汹，像海浪一样能瞬间吞没一个人。但它具有很大的可变性，一旦我们克服了恐惧的情绪，我们原本害怕的事情就不会再影响我们。这也是很多人以为的，只要多出去接触人，多锻炼自己的胆识，战胜了不敢与人交往的“心魔”，内向者就会像外向者那样自如地与人交往。

但事实上，事情并没有那么简单。

内心的声音

“我就想一个人待着。”

不管是和朋友还是家人，待一段时间后我就只想回到只有自己一个人的住处，下班就煮饭、吃饭、打游戏、睡觉，也觉得无忧无虑的。不管和什么人待久了我都想赶紧分开，还是一个人时感觉更舒服、更自在。

这是内向者最典型的心理状态。

心理学家认为，内向者是典型的低社交欲望者。他们远离社交，不是因为害怕，而是觉得没兴趣。虽然说人是关系的产物，人人都需要社交，但不同类型的人对社交的需求程度是不同的。有的人喜欢身处热闹喧嚣的人群中，人越多就越感到兴奋，这样的人对社交呈现出高需求的状态；而有的人只愿意在少数时候和少数人交往，“一对一”交流或者只有三五个人的“小圈子社交”会让他们感到更舒服，这样的人对社交表现出低需求的状态（在另一个层面上，内向者对社交质量的要求更高）。

显然，外向者属于前者，而内向者属于后者。可关键问题是，为什么内向者的社交需求会偏低呢？

提出外向和内向概念的心理学家卡尔·荣格认为，区分外向和内向的关键就在于一个人心理能量的指向。外向者的心理能量指向外在的现实世界，尤其是现实世界里的人。他们看见身边有人，就像一个孩子看见心爱的玩具一样，身体里的热情和能量会被激发出来。因此，外向者很享受与人聊天，享受人与人之间的互动。

内向者的心理能量指向内在的心理世界。他们感兴趣的是自我的想法和感受，是这个世界的运转规则，是一件件事情背后的逻辑，这些内心的觉察和思考更能让他们获得满足感。对内向者来说，现实世界中过多的人际交往会是一种干扰，让他们无法沉浸在内心世界，这对他们来说是一种能量消耗或内耗。所以，内向者对现实生活的社交需求总体偏低。对于内向者而言，社交还是要有的，但只要一点点，能满足基本的生活需要即可，不能太多。

从荣格的理论中我们可以发现，内向者和外向者虽然生活在同一个地球上，但并非生活在同一个世界里。

1. 外向者身上有很明显的现实性

每天早上一睁开眼，我们看到的、听到的、触摸到的，以及我们身体所处的那个具体又鲜活的现实世界，就是外向者最向往也是最愿意停留的世界。

一方面，外向者很乐意最大程度地向这个世界，同时也向这个世界里的其他人打开自己的内心。比如，外向者在生活中会很直接地表露自己的情绪：他们高兴的时候会哈哈大笑，生气的时候会怒不可遏，给人一种风风火火、敢爱敢恨的印象。这种行为的实质是将自己的情感投注到外部，在这个世界上留下自己的情感烙印。

外向者爱说话，喜欢表达，不管是“一对一”聊天，还是面向众人演讲，他们都会侃侃而谈，不断地向他人输出自己的想法和观点。这种行为的实质是将自己的个人意志投射到外部，在这个世界上留下自己的声音。当一个人能够尽情地展现自己、表达自己时，他的生命就会像绽开的花朵一样，是令自己愉悦，也是令他人赞叹和欣赏的。

另一方面，现实世界像一面巨大的魔镜一样，能放大我们的生命体验。一个人有好看的外表是不够的，他还需要一面镜子，能清清楚楚地看到自己的美丽。对外向者来说，人际交往中的他人就是这面镜子。

生活中我们经常有这种体验：当你做了一件好事，自己在心里夸奖自己“做得不错”时，这种自我肯定的快乐值可能是6分；而当你做了一件好事，别人向你竖起大拇指，夸奖“你真棒”时，这种他者肯定的快乐值就可能是10分。也就是说，因为他人这面“镜子”的存在，各种生命体验被提高到更高的水平，我们从而能享受更多的快乐。

所以，外向者喜欢社交，喜欢与人交往，不管是陌生人还是熟悉的人，外向者与其交往起来都乐此不疲。原因很简单，就是他们能从这些人际互动中获得乐趣，获得更多的认同感和满足感。

2. 与外向者相反，内向者身上有很明显的非现实性

电影《心灵奇旅》中，有一个叫月风的角色。表面上看，他是一个普通的广告牌展示员，每天在街头重复着枯燥无聊的工作。没有人关注他，也没有人在乎他，这是一个普通到不能再普通的人。但实际上他有一种超能力，能进入一个被称为“忘我之境”的神秘世界。在那里，他的身份是充满智慧且令人敬仰的船长，专门拯救那些因痴迷某些事物而迷失的灵魂，帮助他们与自己的身体重新连接，从而找回自我。

内向者的状态在某种程度上和月风的状态很像，他们的身体活动于现实世界中，但他们的生命能量却更多地投注到另一个世界，即内在的心理世界。

每一个人都生活在两个世界里，一个是外在的现实世界，它是客观存在的，不以个人的意志为转移的；另一个是内在的心理世界，它存在于我们的大脑中，是我们的大脑对外部现实世界扫描和加工后创造出来的一个虚拟世界。这个世界是主观的，里面充斥着一个人的想法、观点、愿望及想象。

现实世界能带给外向者更极致的生命体验，能让外向者找到更好的自我，那么内在的心理世界能给内向者带来什么呢？

1. 内向者在其中可以尽情地做自己

人的理想状态是“做自己”，但在现实生活中，人们很多时候是很难做自己的。只要有人的地方，就不可避免地存在自我意志的较量和争夺。比如，在父母和孩子之间，孩子想画画，父母却说“你应该弹琴，弹琴比画画更好”。该听谁的？该按照谁的想法做？这就是一种自我意志的争夺。相对而言，外向者不害怕这种争夺，因为外向者的自我意识更强，常常能在这种竞争中获胜，捍卫自己的想法。但内向者的自我意识偏弱，在面对他人的时候不够强势，他们在自我意志的争夺中常常是妥协的一方。

结果就是，内向者在现实生活中经常找不到自己的存在感，甚至会迷失自我。

但是，内在的世界是不一样的。这里只有一个声音，那就是自己的声音。你不必在乎别人怎么说，也不必担心别人会影响你、干扰你。你可以随心所欲地想自己之所想，按照自己的喜好去感受这个世界。所以，相对于现实世界的种种束缚，内在的世界给了内向者相对独立的空间。在这个空间里，你可以感到自己的精神是自由的，在这里你可以尽情地做自己。

2. 沉浸在内心世界的人更具有创造力

对外向者来说，独处是一件枯燥乏味和无聊的事情。但对内向者来说，越是一个人的时候越是最适合深度思考的时候。

物理学家爱因斯坦说过，“安静生活的单调和孤独，激发了我的创造力”。作家村上春树认为，“我的性情是那种喜爱独处的性情，或者说是那种不太以独处为苦的性情。我每天有一两个小时跟谁都不交谈，独自跑步也罢，写文章也罢，我都不会感到无聊。和与人一起做事相比，我更喜欢一个人默不作声地读书或全神贯注地听音乐。对于只需要一个人做的事情，我可以想出许多来”。

内向者对这个世界的探索，从来不会满足于表象层面。他们热衷于挖掘表象背后的逻辑、规则、本质及意义。也就是说，内向者更善于深度思考。当一件事情发生的时候，他们除了关注发生了什么，还会思考为什么会发生这样的事，背后有哪些影响因素，这件事的意义是什么，等等。因为有类似这样的思考，内向者在看待外在事物时会更具有洞察力，对世界的理解也更深刻。

更多的深度思考会带来更多的创造力。经常沉浸在内心世界里的人更容易进入心流的状态。所谓心流，是积极心理学家米哈里·契克森米哈赖提出的一个概念，指的是一个人将自己的精力完全投注在某项活动时达到的那种忘我的状态。在这种状态中，不仅效率很高，创造性的灵感也会源源不断地出现。

生活中我们可以看到，不管是作家、音乐家、画家，还是科研工作者，越是需要创造性工作的，内向者所占的比例越高。因为内向者可以更专注于自己内心的世界，探寻世界的本质，从而可以发现更多、创造更多。

从某种程度上说，艺术和创意是一个内向者向世界表达自己的最好的方式，也是体现自我价值和人格魅力最好的方式。

正因为如此，内向者才会将生活的重心从现实世界转移到内在世界，过着“三分入世，七分出世”的生活。

乙酰胆碱式的人生

关键词：多巴胺 乙酰胆碱

为什么内向者和外向者会在与世界的相处上出现这样截然不同的分化呢？除了刚才讨论的心理需求的不同，还有一个很重要的原因就是生理特点的差异。

1. 内向者具备很强的屏蔽力

内向者喜欢安静，外向者喜欢热闹。安静意味着较少的外部刺激，热闹意味着更多的外部刺激。造成这种区别的原因是什么呢？

从生理角度来讲，造成这种区别的原因是我们对多巴胺的敏感程度不同。多巴胺是人体内的一种神经递质，主要功能是让人兴奋，并感受到快乐。不同类型的人对多巴胺的敏感度是不同的。

外向者对多巴胺的敏感度较低，也就是说单凭自己制造不了太多的快乐。于是，他们需要借助大量外部的刺激来帮助自己的大脑分泌多巴胺。这就是为什么外向者更喜欢热闹喧嚣的场合，喜欢呼朋唤友、组团聚会，喜欢惊险刺激的娱乐方式（如进行滑板、冲浪等极限运动）。只有这些高强度的外部刺激，才能让外向者体内的多巴胺达到他们需要的水平。

而内向者不同，内向者对多巴胺的敏感度比较高，只需要少量的刺激，他们就能够感受到愉悦和兴奋。所以，内向者喜欢安静一些的环境：一个人听听歌，看看书，养养花，就会感觉很舒服。如果和人交往，内向者也更喜欢“一对一”的相处。人少一点，受到的刺激就少，因而更自在一些。相反，如果外部刺激过多，内向者的大脑就会像电脑一样，因为要处理过多的信息而导致思维迟缓，甚至“死机”。这也是为什么内向者不喜欢在人多的场合停留太久的原因。

作家查尔斯·布考斯基说："缺少独处的时间，对我而言就像缺少食物和水。喧闹使我疲乏。我不以自己的孤僻为傲，但我依赖着它，房间里的黑暗对我而言就像阳光。"

对多巴胺敏感，不喜欢过多的外部刺激，这种生理特征就像一面现实世界和内心世界之间的屏障，将内向者小心翼翼地保护在自我的世界中，免受外面的"骚扰"。

2. 大脑通路与乙酰胆碱

脑科学研究发现，内向者和外向者的大脑的血流通路是有差别的。内向者的大脑血流通路更复杂、更长，而且活跃的区域与人的内部感知功能有关，比如进行回忆、逻辑推理、计划、处理问题等。而外向者的大脑血流通路比较短，活跃的区域通常与处理外部信息有关，比如视觉、听觉、触觉等。

内向者与外向者还有一个典型的区别，就是大脑通路主要的神经递质不同。

外向者主要依赖的神经递质是多巴胺，就像前文中提到的，这是一种让人冲动和愉悦的物质。多巴胺的神经通道比较短，传递和处理信息的速度更快。所以生活中我们可以看到，外向者在言行举止上反应得更快，应对变化的能力更强。

内向者主要依赖的神经递质是乙酰胆碱，乙酰胆碱能使人保持专注，并与人的认知功能密切相关（如学习和记忆等）。研究发现，乙酰胆碱的缺乏会引发认知功能障碍，比如阿尔茨海默病就与患者大脑内的乙酰胆碱水平的显著下降有关。

从以上生理特征可以看到，外向者的人生是多巴胺式的。他们面对外部刺激时反应快，行动力强，通常想到什么就说什么，想到什么就做什么。外向者追求的是速度和效率，可以用一个公式表达：多巴胺式人生 = 简单思考 + 快速行动。

而内向者的人生是乙酰胆碱式的。他们面对外部的刺激时反应会慢一点，而这个慢的过程就是一个深度思考的过程。他们会想发生了什么，为什么会这样，这会带来什么后果。不仅如此，他们还会使用长时记忆，与过去的经验对比，以找到处理问题最好的方式。在经过深思熟虑后，他们才会去表达、去行动。

内向者追求的是准确和成功率，可以用一个公式表达：乙酰胆碱式人生 = 深度思考 + 谨慎行动。

综上，对少量外部刺激的满足，可以让内向者专注于个人的小空间而不感到乏味和孤独；对外部信息的深加工和精细化处理能力，又可以让内向者能熟练地驾驭各种抽象的认知和思维能力，从而沉浸在以自我的想法和念头为基础构建的内在世界中。

所以，内向者虽然不爱表达，不习惯过多的人际交往，但并不是头脑简单，也不是消极避世。内向和外向一样，只是一种独特的生活方式。外向者有外向者的优点，内向者也有内向者独特的价值。

其实，性格只有不同，没有好坏之分。

内向性格的隐藏优势

关键词：尽责性　自我觉察　亲和力

内向者有区别于外向者的独特的心理特点，以及人生路径。

如果你是一个内向的人，真正需要做的不是改变自己的本性，把自己“硬掰”成一个外向的人，而是应当找到真正适合你的人生节奏，把自己本来就具有的潜能和优势挖掘出来。这样，我们才能真正过好自己的生活，经营好自己的人生。

内向性格的隐藏优势有哪些呢？

1. 有责任心，行为靠谱

为什么内向的人总是话比较少呢？为什么内向的人在做事的时候总是慢吞吞，让人感觉有拖延症的样子呢？

原因就在于，内向的人天然地觉得，自己要对自己说的话负责，所以他们要么不说话，要么说出的就是经过反复思考、觉得有把握的话。同样，内向的人也天然地觉得，自己要对自己做的事负责，所以，他们在做事的时候总是很谨慎，想的也很多，目的就在于，想把这件事做好，做到让所有人都满意。

以上这种心态，就是一个人责任心强的体现。

在人格理论中，有一种概念叫作“尽责性”。有的人责任心很强，他们很自律，对自我的要求很严格。对于说过的话，他们一定会信守诺言，言出必行；对于答应别人的事情，即使别人不催，他们也会主动地完成。责任心强的人更靠谱，这样的人在人际关系中能够给别人带来安全感，从而更容易获得别人的信任。

看重眼前一时的利益，抱有急功近利心态的人并不少见。

所以，靠谱是一种极其稀缺的资源。对内向者来说，请一定要珍惜爱护自己的羽毛，它将来一定会成就你。

2. 善于自我觉察

内向的人外表木讷、迟钝，但内心很敏感，有强大的自我觉察力。

所谓自我觉察，就是自己对自己的观察。比如你现在有什么样的感受，感受背后是什么样的想法，想法背后是什么样的心理需求，等等。自我察觉是心理咨询师经常使用的技能，即要求来访者从自我的小世界里跳脱出来，站在比自己更高的高度俯视自己、审视自己。

在心理咨询行业中有一个术语：上帝视角。善于自我觉察的人是拥有上帝视角的人，他们会对真实的自己有更清醒的认识。他们在人生的道路上会更冷静，不容易迷失自我。

我们都知道，世界很复杂，人生历练正如西天取经一样，一路上不仅有很多危险，还有很多诱惑。尤其在当下社会，节奏越来越快，大家都很着急，很多人都想去找人生的各种捷径。

这种心态很容易让人走向歧途，掉进各种看起来靓丽光鲜的人生陷阱里。而只有那些自我觉察力强的人，才拥有足够的定力，并确保自己走在正确的路上。

我们经常说聪明和智慧有所不同。所谓聪明，就是头脑灵活，反应快；而智慧则是对包括自己在内的所有人、所有事有足够的洞察力，并因此而保持一种清醒。从这个角度而言，自我觉察是一种很高的智慧。

3. 亲和力强

每个人都是有气场的，不同的人身上有不同的气场类型。

有的人“侵略性”比较强，一接触就能感受到一种扑面而来的霸气和压迫感。还有的人则明显表现出一种亲和力，与这样的人接触时你总能有一种如沐春风的愉悦感，与这样的人在一起，你的内心不会有压力，可以很舒服地做自己。这种亲和力对关系的重要性是显而易见的。

首先，亲和力会化解关系中很容易出现的敌意。除了极少数心理有障碍的人，很少有人会讨厌一个具有亲和力的人。

其次，亲和力为个体和他人构建关系保留了可能性的火种。内向者的朋友圈比较窄，他们不喜欢交太多朋友。但只要他们保持自己独有的亲和力，等有一天他们想和他人接触、想与他人深入交往的时候，就会发现这件事并不难。

对内向的人来说，一旦维护好自己身上的那种亲和力，即便你话不多，也可以成为大家心目中受欢迎的人。

内向性格的隐藏优势还有很多。如果你是一个内向者，可以提醒自己：内向不是一种缺陷，它就像一座巨大的冰山一样，在人们看不见的海面之下，隐藏着太多的宝藏和能量。

你只需要做好自己，利用好自己本来就具有的优势，总有一天，你也可以成为让自己都惊叹的人。

期待每晚 9 点的“亲喵共读”时光。

插画师：kelasco

02

社交能力的关键，在于心态

不管在哪种场合，也不管和哪些人在一起，我们都需要管理好自己对他人的预期。你要允许并接受有一些人不喜欢你。

心态不对，会再多的社交技能也是白费

关键词：社交心态　行为抑制

觉得自己对人过敏、不会社交是内向者的核心痛点。他们在社交中往往会有以下表现。

- 和不熟的人相处时总是很拘谨，不知道怎么相处。
- 不太会和别人聊天，很多时候心里清楚但不知道如何表达，容易语塞。
- 聚会的时候别人相谈甚欢，但自己总插不上话，感觉和别人格格不入。
- 害怕在人多的场合演讲，容易紧张、脸红、心跳加快。

客观地说，以上问题在内向者的生活中非常常见。这些问题带来的挫败感和刺痛感又是那么明显和强烈，以至于我们觉得必须做些什么来改变这种状况。在对这个问题进行反思和归因时，很多人的第一反应是问题出在自己的社交技能上。

内心的声音

“我在人际交往中表现不好，
我必须学会社交技能。”

学生小武：“我知道我不善言辞，不懂社交的套路，心里也在不停地告诉自己，不能甘于现状，不会说话就更要去说，不会社交就更要去外面积累经验。我一直在学，身边有很会社交的人，我也会偷偷地观察和学习。我还买了很多关于沟通和口才训练的书，在网上也订阅了不少有关社交技能的课程。虽然我学了不少理论知识和技巧，但当我真正出去与人交往，面对一个个活生生的人时，却发现自己经常头脑一片空白，之前所学的种种技能就像被封印了一样根本无法施展。”

知道该去做什么，但就是做不到，或者就是迈不出去那一步，很多有社交困扰的内向者都遇到过这样的情况。那么，问题出在哪里呢？

问题在于，社交不仅仅是一种技能，更是一种心态。

不同的心态决定了一个人在社交中的不同状态。如果你面对他人时处于一种很放松、很享受的状态，就会敢说、敢问、敢于展现自我，从而呈现出一个自信、开朗、善于交往的形象。相反，如果你面对他人时处于一种紧张和不安的状态，就会像受到惊吓的蜗牛一样把自我收缩到防御的壳里，无法坦然地向别人呈现自己最好的状态。

哈佛大学心理学系的辛西娅在一项研究中提出了“行为抑制”这一概念。它的含义是，一个人在面对不熟悉的人、物体和事件时会表现出退缩和回避的反应。内向者在社交活动中的一些特定心态，会导致他们容易出现行为抑制，就像小武那样，即便做了大量的学习和准备工作，但在现实的社交活动中他依然无法按照自己的意愿表现出自己期望的样子。

所以，内向者要想在社交方面应对自如，首先要做的是调整自己的心态。而调整自己心态的关键，是改变我们头脑中隐藏的一些不合理认知。

这些不合理认知有哪些呢？简单来说，可以归纳为如下三种。

不合理认知 1：我需要像外向者那样社交

关键词：社交需求

“工作的时候我很羡慕一个比我大几岁的同事姐姐。她很会说话，很幽默、风趣，可是我却觉得自己怎么也学不来，仿佛很难开口，过于羞涩。我深知这种习惯不好，我也想改变，却很难迈出那一步。”

内向者经常觉得自己不擅长人际交往，对自己的社交能力评价偏低，时间久了，他们会怕生，觉得自己天生对人过敏。而之所以有这样一种认定，是因为内向者脑海中存在一种下意识的衡量标准：“我需要像外向者那样社交。”

- 外向者“自来熟”，不管遇到谁都可以很迅速地拉近彼此的关系，像认识多年的老朋友那样相谈甚欢；
- 外向者口才好，善于表达，说话富有感染力，很容易打动别人，成为众人目光中的焦点；
- 外向者情商高，懂得人情世故，能处理好各种复杂的人际关系；
- 外向者热情开朗，浑身充满活力，像一个小太阳一样让人想靠近。

以上种种，是我们对外向者经常有的社交印象。总体而言，外向者在人际交往方面的表现更出色，更容易让人眼前一亮，所以我们就会觉得，外向者定义了社交的标准。所有人只有像外向者那样表达、沟通和处事，才可以称为拥有正常的社交能力。

但是在现实生活中，内向者发现自己很难做到这些。与外向者不同，他们会有以下特征：

- 内向者慢热，遇到不熟悉的人时会感到紧张、不自在，他们防御心理强，不容易与人拉近关系；

- 内向者话少，喜欢听别人说话而不是主动表达自己，在人群中像个“小透明”，没有存在感；
- 内向者不喜欢复杂的人际关系，对人际交往中的明规则和潜规则都不敏感，面对这些问题时经常会手足无措；
- 内向者安静、内敛，容易让别人产生距离感，不敢轻易靠近。

我们可以发现两者有比较大的差距。因为这样的差距，很多人会觉得内向者不擅长人际交往。而内向者也会因此自我否定，觉得自己处理不好人际关系，变得越来越不自信，越来越自卑。严重的话，他们还会对社交产生抵触心理，甚至走向社交恐惧的泥潭。

但如果我们深入研究内向者和外向者在人际交往中的不同和差异，会发现绝大多数人忽略了这样一个问题：

每一个人的社交表现都是围绕着自己独特的社交需求来展开的。

外向者整体表现更好，是因为他们对社交的需求程度更高。外向者的心理能量指向外在的世界，尤其是外在世界里的人。只有与人接触，和不同的人说话、交流、互动，外向者才能感到自身的能量被激活，身体里的热情被点燃，从而感受到生命的活力。

外向者需要借助他人来释放自己的种种情绪和情感。有一位外向者曾这样描述自己的情绪表达方式："当我遇到特别高兴的事情时，我恨不得抓住身边的每一个人都和他们讲一遍，这样才觉得尽兴。"人际间的交往有时候具有放大器的功能，能将人的情绪感受不断放大。生活中我们也经常有这样的体验，当自己把一个好笑的事情说给另一个人听，然后看到对方哈哈大笑时，自己感受到的快乐程度也会加倍。因为这样一种放大器的作用，外向者更喜欢很多人在一起的热闹氛围，这会让他们感到更兴奋、更舒服。

外向者需要借助他人进行思考。很多内向的人不理解，为什么外向的人那么爱说话，那么喜欢和人交流。一个很重要的原因就是，这是外向者进行思考的一种方式。在人际交往中，他人的想法和观点能帮助外向者梳理思路，更好地进行判断。不过这不是最重要的，最重要的是外向者的神经系统没有内向者那么敏感，这就决定了他们需要更多的外部刺激，才能让自己兴奋起来。而在和他人一起讨论某个问题时，别人的表情、态度和状态都会给外向者带来较大的刺激，这些刺激就像多巴胺一样能让外向者进入更舒服的状态，从而有能量进行更好的思考。

外向者需要借助他人来获得价值感。在外向者的认知里有一种根深蒂固的信念：一个人的价值只有被展现出来，并被他人看见，才能称得上是有价值的。所以，外向者的一生都是在不停地展现自我，让自己生活在众人瞩目的聚光灯下。因为这样的一种需求，他们就需要好的口才和表达能力来影响他人，需要各种社交技能来扩大自己的朋友圈，让更多的人认识自己，喜欢自己。我们常说，一个人的价值感取决于两种认可，一种是自己对自己的认可，另一种是他人对自己的认可。显然，外向者的价值感更多是建立在他人对自己认可的基础上的。

从以上论述可以看到，外向者与外界的关系，就像鱼与水的关系一样，鱼需要一刻不停地生活在水中，自然就会进化出娴熟的游泳能力。同样，外向者的各种主要的心理需求都是在人际关系中得到满足的，自然就会培养出更好的社交能力。

但内向者不同，内向者也需要社交，也需要人际交往，但渴求的程度远没有外向者那么高。

如果说外向者和外界的关系是鱼和水的关系的话，那么内向者和外界的关系更像是青蛙和水的关系。作为两栖动物，成年的青蛙主要用肺呼吸，这就导致它们在水下待的时间比较短，一般不超过 20 分钟。内向者也是如此，虽然他们也可以参加各种社交活动，但持续的时间通常不会太久。当不得不在社交场合停留很长时间时，内向者会感觉自己像电量不足的电池那样，思维变得迟缓，感受变得麻木，最后感到疲惫不堪，只想早点逃离。

总之，如果说人际交往是外向者生活的主体，是人生中最重要的事情的话，那么对内向者而言，人际交往则只是生活的附属品，是人生中重要但并非特别重要的事。

内向者习惯独自去解决生活中遇到的各种问题。比如心情不好时，外向者会找一些朋友聊天，通过他人的安慰来纾解自己的心情。而内向者很少会这样做，他们在情绪低落时，最常见的应对方式是远离人群，回到家里或待在自己的房间里，通过一个人静一静的方式来消化内心的各种负面情绪。

我们曾做过一个调查，询问内向者最喜欢用什么样的方式来处理负面情绪，结果大家回复最多的是“睡觉”。

不管遇到什么难题，只要好好睡一觉就好了。

这就是内向者中很常见的一种心态：一个人能完成的事，他们就绝对不去麻烦别人。有一位内向者说：“我总是一个人去吃饭，一个人去逛街，一个人去旅游。一个人的时候我觉得很自在，反而人多时的嘈杂会让我觉得不舒服。”当一个人靠自己就可以解决生活中大多数的问题时，对他人的依赖自然就会变得很少，对人际关系的渴求程度也就会小很多。

内在的需求决定外在的行为。外向者把社交需求放在第一位，不管是对深层关系还是浅层关系都有更高的期待，自然需要更出色的表达能力，更娴熟的人际沟通技巧来驾驭各种社交场合，以得到自己想得到的。而内向者的社交需求并不高，自身不需要认识太多的人，也不需要进行太频繁的人际交往，这样一种比较低的期待就不需要太复杂的社交技能来支撑。

所以，尽管内向者在人际交往方面的一些表现不如外向者那样亮眼，但整体来说也是能满足自己正常的生活需要的。内向者不需要像外向者那样去社交。你不需要成为别人，你真正需要做的是回归自己生活本身，按照适合自己节奏的方式去与人交往。

做到这一点的关键是接纳自己的有限性。

在一次活动上，一位有名的画家被问了这样一个问题："艺术的反义词是什么？"迟疑了三四秒后，画家接过话筒，然后说了三个字："不知道。"

作为一位从事艺术工作多年的人，回答不出一个普通观众提出的关于艺术的一个问题，这看起来有点辜负人们对业内大家的期望。但画家并不这样看，他用苏格拉底的一句名言解释了自己的那个回答：“但我知道我不知道。”

其实，一个成熟的、有人生阅历的人对自己会有更清醒的认知：一个人知道得越多，越是知道自己知道的有限；一个人做过的事情越多，越是知道自己做事的能力有限。清醒地意识到自己在一些方面的有限，才会打破自己应该无所不能、应该摆平一切这样的幻觉，然后才能拥有平常心。

这时，你不会再逼着自己去做那些你本不擅长的事。比如别人在酒桌上能说会道，如鱼得水，你发现自己根本做不到，那就坦然接受，承认这不是自己擅长的领域，安心做个默默无闻的“干饭人”也不错。

接纳自己的有限性既不是“躺平”也不是否定自己，而是给自己一个更清楚的定位。有些事情是你擅长的，有些事情是你不擅长的。你所擅长的，才是体现和决定你价值的地方，在这里投入的时间和精力越多，你收获的就越大。而那些你不擅长的，随遇而安就好，好一点或坏一点，都说明不了什么。

内向者如果能够想通这一点，再去看自己和外向者在社交上的一些所谓差距时，就能坦然面对，心态也会平和很多。

不合理认知 2：我不能犯错

关键词：社死

内向者在社交中的另一个心理包袱是害怕犯错。

心理咨询中，一位内向的来访者这样描述自己："我总是很敏感、爱多想。每当谈话或者社交结束后，我总在回忆，有没有说错话，有没有说了哪句话伤害了别人，有没有做了哪些不恰当的举动，等等。总是这样想来想去，把自己耗得很累。"

有时候我们确实是想多了，但也有时候我们确实会出一些差错。

近几年有一个网络流行词——社死，也就是社会性死亡。

主要是指在大众面前出丑，也泛指在社交圈中做了很丢人的事情，抬不起头，没有办法再去正常地进行社会交往。

社死是人际交往中非常常见的现象。我们在自己的社交平台上发起过一个互动，让大家分享一下自己经历过的社死事件。结果回复的人非常多，有在公共场合摔跤的，有在众人面前演讲时忘词卡壳的，有在微信里把很私密的话发错给别人的，等等。

现实生活不是影视剧，没有彩排，全凭临时发挥。所以，说错话，做错事，有不当的反应都是在所难免的。但很多时候，我们就是不能接受这一点。

- “太尴尬了！”
- “太丢脸了！”
- “太羞耻了！”

我们在心理上经常默认这样的等式。

- 一个细节没做好 = 我这个人不好
- 一件事没做好 = 我这个人不好

当我们总是用一件很小的事情来评价自己，甚至定义自己的时候，内心就会承受很大的压力。于是，犯错就变成了一件很严重，严重到不可接受的事情。最后，我们会走进一个死胡同。

社交中，你告诉自己绝对不能犯错。但不管你如何小心谨慎，事后你一定会发现自己还是会犯一些或大或小的错误，这是不可避免的。

当一个人怀着这样一种拧巴的心态去和人交往时，就会发现社交是一件很痛苦的事情。因为你总是会失望，总觉得自己没有达到自己的期望。在这种状态中久了，人就会变得习得性无助，然后害怕与人接触。在极端情况下，这种心态甚至会发展成社交恐惧。

要改变这种状况，关键是要意识到：你是可以犯错的。

首先，犯错或出问题是生活的常态。你如此，其他人也是这样。有时候我们不原谅自己出问题，是因为我们害怕"只有我一人如此"。别人都做得很好，为什么就你做不好？别人都能避免的问题，为什么就你避免不了？一旦你发现只有自己一个人犯错，这种人与人之间的比较带来的打击对我们的自尊心，对我们的自我价值感来说，是一种非常大的伤害。

一个好消息是，这样的担心往往并不符合事实。我们在经营心理平台的时候发现这样一种现象，不管是说错话、聊天时找不到话题，还是不会活跃气氛——对于任何一个社交中可能存在的问题都有很多人站出来，表示自己曾经经历过，或者正在经历。一旦我们发现，自己经历的这些尴尬事别人早就经历过，内心的自我批判就会弱化很多，从而更容易从自我否定的情绪中走出来。

其次，犯错的后果很多时候并没有我们想象的那么严重。当我们在别人面前出丑时，会很容易被激发出各种负面的情绪。身处在这种情绪中时，我们在头脑层面会进行很多放大式解读，比如对自我的否定和贬低。

- 我怎么这么笨，连这点小事都做不好？
- 别人都看我的笑话，没有人会喜欢我了。

在极端情况下，我们还可能会给自己判“极刑”。

- 我不可救药了。
- 我这个人没有希望了。

这些解读会强化我们内心的羞耻感，觉得自己不好，陷入自己攻击自己的泥潭中，变得封闭自我，甚至是抑郁。但实际上，有些伤害本身的威力并没有那么大，而它之所以会打倒我们，是我们把它想象得太严重。

心理学上有这样一个发现：你所担心的事，90% 都没有发生；即便那些发生的事，90% 都没有带来不可挽回的后果。也就是说，你在多数情况下的担心，只是一种担心而已。

那些在现实生活中摸爬滚打的人，都有这样一种共识：任何伤害，都是有限的。有些事情让你很绝望，觉得无论如何都过不去了，但过一段时间你会发现，自己还是走出来了。生命的强大和韧性，都远超我们的想象。那些当下你觉得很羞耻，恨不得原地爆炸的事，在经过时间的过滤和沉淀后，你又会发现不过如此。

所以，在社交中犯错，这可能会让你感到尴尬，但也仅仅是尴尬而已。当你说错一句话，周围人哄堂大笑时，如果你脸红了一下，随即提醒自己这没什么大不了，那你就真的成熟了。

最后，少关注问题，多关注收获。在与人交往的时候，会发生很多事情，你也会有很多感受。即便是一次简单的聊天，细细觉察之下，也包含了各种各样丰富的体验。其中可能有紧张、慌乱、不舒服，但也有平静、愉悦，甚至是小小的兴奋和满足。归纳一下就是，既有不太好的体验，也有感觉不错的体验。

过度关注问题的问题在于，我们会因为一种不好的感受，而忽略了九种好的感受，并完全否定这次交往的意义。

而那些很乐于与人交往的人，他们的心理路径则截然相反，他们更关注自己的收获。关注收获的人，在与人交往的时候即使遇到四种不好的体验，但因为还有六种好的体验，所以依然觉得这次的交往很有价值，会感到满足。

不仅如此，面对与人交往时自己犯的一些错，他们会用鼓励型思维对待。

比如，当内心有声音说“这次我又搞砸了，我真是个白痴”时，他们会转换成这样的心声：“原来这样说话是不恰当的，另一种表达方式更好，我又积累了一点社交经验。”

错误的意义不仅是告诉我们在某些地方出现了问题，更是提醒我们，某些事情可能需要用不同的方式来处理，或者某些意思可以用更好的方式来表达。

如果能建立这样一种积极的心态，与人交往的过程中再出现一些小问题、小差错的时候，我们就会变得更松弛一些，对犯错本身的恐惧也会得到一定程度的减轻。

在这一点上，小孩子是我们最好的老师。那些咿呀学语的小孩子刚学会说话时，会口吃不清说很多像外星语的话；他们学走路时，会摔很多跤、吃很多苦头，但你很少看到有孩子因为这些问题而焦虑或自卑。相反，他们是开开心心、跌跌撞撞地，在不知不觉中就把什么都学会了。

这就提醒我们，事情出现了偏差并不可怕，任何一件事出现了差错，它的影响都是有限的，即使当时很严重，事后我们也总有弥补或者通过其他事情来平衡的机会。

在现实生活中，重要的不是你犯了多少错，而是不要停下尝试的脚步。社交如此，人生也如此。

不合理认知 3：我怕别人不喜欢自己

关键词："好感的 1∶2∶7 法则"

有些内向者在与人交往时有一个习惯，特别在乎别人的眼光，经常为别人一个含义不明的眼神而思虑半天。之所以如此，是因为他们在和别人相处时脑海中经常充斥着"如果式"的声音。

- 如果他不理我，怎么办？
- 如果他不喜欢我，怎么办？
- 如果他不在乎我，怎么办？

这些"如果式"的想法多了，内心就会承受很大的压力，在人际交往中就会压力巨大。

客观地说，这些担心并不是完全没有道理。毕竟，这个世界很复杂，不是所有人都喜欢我们，不是所有人都能跟我们聊得来。说得再严重点，总会有人不喜欢我们。但客观地说，这样的人在你所交往的人中所占的比例极少。偶尔会遇到一两个，但不常见。那常见的是什么样的人呢？是那些对你没什么恶意，不会伤害你，不会用很严苛的目光要求你，同时也不是很在意你的人。

简单来说，大家都很忙，都有一堆自己的事情要处理，没精力花太多时间在你的身上。所以，对于在相处时出现的小问题、小瑕疵，绝大多数的人根本不会放在心上，看过、听过就忘了。因此，只要你没有做出什么太出格的事，想招人恨也不是一件容易的事情。你所担心的各种“如果”，多数情况下也仅仅是“如果”而已。

即便你发现身边有一两个人不喜欢你，也不要过于担心。因为，这也是现实生活中的正常现象。

内心的声音

“我付出了这么多，
为什么还不被喜欢？”

女生小雪刚上大学时，为了和舍友搞好关系，也为了给大家留下一个好的印象，经常主动为别人付出，比如帮别人打水，帮别人收拾桌子，帮别人拿快递，甚至还帮别人洗衣服。但这些付出并没有得到所有人的认同，有一个舍友就经常欺负她，时不时地对她冷嘲热讽。小雪很痛苦，不明白自己付出了这么多，为什么还不被喜欢。

“是我哪里做的还不够好吗？”这是她反思的落脚点。其实，问题的关键不在于自己哪里做得不好，而是她“忘记”了这样一个事实：不管你做得多好，这个世界上总有人不喜欢你。这种不喜欢有些是有理由的，比如你损害了别人的利益，或影响了别人的前途。也有一些不喜欢是没有理由的，人家只是单纯地看见你就心情不好而已。

就像虐待小动物的人，那些路上的小猫、小狗没有招惹他们，但他们就是想上去折磨一下。这很难用正常的思维去理解，但你得承认这样一种现实：在这个世界上，总有人单纯地就是想伤害别人。面对这样的人，你越是讨好，他们想伤害你的兴致就越高。如果你不能及时识别，只是一味地从自己身上找原因，就会越陷越深，掉进施虐与被虐的泥潭里无法自拔。

所以，在人际关系中我们要避免那些理想化的念头，不要觉得自己可以赢得所有人的喜欢，不要觉得自己必须赢得所有人的喜欢。显然，这是不现实，也是不理性的。不管在哪种场合，也不管和哪些人在一起，我们都需要管理好自己对他人的预期。你要允许并接受有一些人不喜欢你。

日本心理专家桦泽紫苑提到过一个“好感的 1∶2∶7 法则”，意思是假如你遇到 10 个人，其中必然有 1 个人不喜欢你，甚至讨厌你；有 2 个人会毫不犹豫地喜欢你，支持你；还有 7 个人则保持中立，既不讨厌你，也谈不上喜欢你。

明白了这一点，在人际交往中，我们就可以给自己预留一些“不受欢迎的名额”。就我自己而言，假如我和一群人在一起，我会提醒自己其中应该有一两个人是不欢迎我的；假如我在分享自己在一些问题上的想法和观点，我会提醒自己其中应该有一些内容是会引起争议、不被喜欢的。

当一切都是预料之中时，即便是糟糕的事情发生了，它带给我们的心理冲击也是有限的。当你接纳并允许一些人不喜欢你、不欢迎你时，这些人的出现也就不会给你造成太大的伤害和影响了。

场景方案

缓解身体焦虑的 3 个小方法

社交焦虑不仅是一种心理问题，还是一种生理问题。严重的焦虑往往会伴随一些生理上的反应，比如呼吸急促、心跳加快、浑身肌肉紧绷。更糟糕的是，它还会影响我们的睡眠：要么很难入睡，总是失眠；要么睡眠的质量很差，容易做噩梦，等等。

在这种情况下，我们怎样做才能缓解身体上的反应呢？这里分享 3 个小方法。

1. 方法一：深呼吸法

人在焦虑的时候，呼吸通常是短而急促的，这种浅呼吸会制造身体的紧张感。要想让自己放松，需要的是深呼吸。

你可以闭上眼睛，用鼻子慢慢吸气，让气体慢慢充满你的腹腔，然后慢慢用嘴吐气。用这种方式和节奏多呼吸几次，可以让我们的身体慢慢恢复平静。

2. 方法二：肌肉放松法

你可以先握紧拳头，然后松开；先收缩手臂的肌肉，然后放松；收缩肩膀的肌肉，然后放松；依次类推，脖子、臀部、大腿、脚部都可以进行这样的操作。

通过收缩和放松身体不同部位的肌肉，也可以达到放松的效果。

3. 方法三：冥想法

先找一个舒适的姿势，可坐可躺，然后将注意力集中在呼吸的起落上，感受空气进入自己的身体，感受空气离开自己的身体。

在这个过程中，一些思绪、过往的经历可能会出现在你的意识中，这时不用去抗拒它，不用去评价它，只要接纳它、觉察它就好，然后继续关注你的呼吸。

冥想可以提高我们的专注力，让我们专注于当下，这样既不会沉湎于过去又不会忧虑未来，从而有利于我们的身心获得宁静。

读自己的故事，爱自己的宇宙，开心上的花。

插画师：kelasco

03

慢热的人，更懂得什么才是沸腾

内向者慢热，但也慢冷。对慢热的人来说，时间是你的朋友。

我不是冷漠，我只是慢热

关键词：第一印象

我们常说，人际交往中第一印象很重要。

第一印象是一种优先效应，简单来说就是，人们会对初次接触到的信息更敏感，留下更深刻的印记。一个人刚一见面就很热情，嘘寒问暖，让你如沐春风，你就会觉得这个人不错，心生好感；相反，一个人初次见面时面无表情，话也很少，你就会觉得这个人不好接触，从而产生距离感。

这个道理大家都知道，内向者也知道。但问题是，内向者面对不熟悉的人连开口说话都觉得是一种挑战，更别说表现出很热情的样子。有时候你觉得自己做了很多心理建设，尽了最大的努力调动情绪，但展现出来的，可能并不如自己想象的那般好。

日本作家村上春树年轻的时候曾经营过一家酒吧。虽然他性格内向，但为了生计也不得不做出一些改变。客人光临时，他会面带微笑地招呼："欢迎光临。"遇到爱聊天的老顾客，他也会耐着性子陪对方聊天。村上春树一度觉得，自己在他人面前应该有一个和蔼可亲的印象了。但多年以后和熟人重逢时，他却被告知："春树以前对人爱理不理的，没怎么说过话。"这让他备受打击。原来自己费尽九牛二虎之力拼命想呈现出的热情好客的形象，在别人眼里却是另外一副样子。

不管是从日常生活经验，还是从心理咨询中的案例中，我们都可以发现这样一个现象：在从"0"到"1"建立一段新的关系时，相比较外向者，内向者往往需要花更长的时间。对外向者来说，结识一个新朋友是一件很轻松的事情。不管遇到谁，他们都能轻松地和对方"打成一片"，聊得火热，就像多年未见的老朋友一样。但对内向者来说，情况就会变得复杂起来。

我有一位朋友，他在学生时期一直摆脱不了一个“魔咒”。不管是上初中、高中还是大学，每到一个新的班级时他都会陷入一种困境：没有关系好的朋友，班里的很多活动他也无法融入，总感觉自己像个局外人。他也不是不努力，每次都暗暗提醒自己要多和同学接触，多参加一些集体活动。但不管怎么尝试，他还是感觉和周围的人格格不入，没有办法像别人一样快速融入各种关系。这种状态通常会持续半年左右，然后就一切恢复正常。

也就是说，内向者在适应陌生人及陌生环境时会慢热一些。在这个快节奏、凡事讲究效率的时代，“慢”往往被当成一种问题，甚至是一种缺陷。当一个人在人际交往中慢热时，人们会产生一些偏见性观念，比如觉得这个人不好相处、孤僻、高冷、自我封闭、不合群，等等。

那么，慢热在人际交往中真的是一个问题吗？要回答这个问题，我们需要先了解慢热是怎么一回事，为什么有的人会慢热。

慢热能帮我抵挡所有的不真诚

关键词：脑回路长　安全感

慢，是因为内向者的大脑回路长。

我们之前在讲内向者的生理特征时提到过，内向者的大脑回路长，遇到事情时反应会稍慢一点。而外向者的大脑回路短，遇到事情时反应会更快一点。这一点从两者在社交中的表现就可以看出来。外向者语速快，和别人交流时反应也很迅速，给人的感觉就是他们头脑灵活、一点就透。而内向者话少，语速慢，和别人交流时反应有些迟缓，给人的感觉就是他们木讷、不够灵光。

当一个外向者和一个内向者聊天时，反应上的不同步也会给两个人的交流带来一些不舒服的感受。

在电影《疯狂动物城》中，兔子朱迪去车辆管理局查车牌号，遇到工作人员树懒闪电。我们都知道，树懒是一种反应和动作都极其缓慢的动物。所以，当朱迪和闪电沟通时，后者不仅说话慢，连笑起来的动作都是慢的。这让急性子的朱迪极其崩溃。

电影是一种艺术作品，在呈现生活上会使用夸张的手法。但在生活中，两个人的沟通节奏不在同一频道上时，确实会产生不合拍、聊不到一起的感觉。这也是很多外向者对内向者在感性层面容易产生偏见的一部分原因所在。

从这个角度看，大脑回路长，加工和处理信息慢，这似乎是一个缺点。按照适者生存的进化原则，慢热的人好像应该被淘汰，但事实并非如此。不管什么时候，慢热的人在整个社会中都会占据着不容忽视的位置。

之所以如此，原因就在于脑回路长的人具有一些特殊的优势。比如，他们深度加工信息的能力更强，更善于深度思考。

有心理专家这样认为："嘴巴伶俐的孩子，成绩都一般。而不吭声、话少的孩子学习都很好。"在这方面，爱因斯坦就是最好的例子。他刚上学的时候，沉默又孤僻，老师一度觉得这孩子是不是有点问题，对于很简单的问题他都会左思右想，回答得吞吞吐吐，一点也不像其他孩子那样干净利落。可是，就是这个人改变了整个人类对世界的认知。

面对这样的成就，爱因斯坦解释说："并不是因为我有多聪明，只不过我思考问题的时间更久。"

所以，任何问题都是有两面性的，慢有慢的不足，但慢也有慢的优势。对一个慢热的内向者来说，做好自己，把你深度思考的能力用对地方，你的价值自然就会展现出来，而说话多一些还是少一些都不妨碍别人对你的喜欢。

慢，是因为对不了解的人没有安全感。

内向者的交友门槛很高，他们的原则是少而精，即只和少数绝对信任的朋友交往，并长期保持稳定而亲密的关系。

当对一个人不够了解，或者了解得不够充分时，内向者通常会感到没有安全感，因而有比较强的防御心理。这就像蜗牛一样，当感觉周围不够安全时，会本能地缩回壳里去，以避免受到伤害。

内向者在人际交往中的冷，多数情况下并不代表他们不喜欢别人，而只是存在不想被伤害的自保心理。所以，很多人觉得内向者高冷，这其实是一种误解。内向者不是高冷，而是低冷。高冷是一种俯视的冷："我觉得我很优秀，高高在上，你们不配和我交往。"这是一种含有攻击性的冷。低冷是一种仰视的冷："我觉得我太普通、太平凡了，你们应该不会真的喜欢我吧，所以我还是识趣点，躲远点好。"这是一种自我保护性的冷。

内向者要对一个人热起来，最主要的途径就是深入了解并喜欢上这个人。他们认为只有真正成了熟悉的朋友，才能放下各种戒备，放松下来，然后坦诚热烈地交流。也就是说，内向者对一个人的态度和热情度，是和两个人之间情感上真实的亲密程度成正比的。

在这一点上，外向者和内向者有很大不同。外向者“自来熟”，不管与谁都能很快就聊得火热，仿佛彼此是多年的好友。但很显然，初识的人之间不可能有多深的情感。那么，是什么样的动力推动着他们做到这一点的呢？原因是，他们发现如果自己在初次见面时表现出足够的热情和主动性，就能在这段关系中获得更多的掌控感和认同感。

人在交往的初期有一种矛盾的心态：一方面因为防御的心理而很谨慎，话很少；另一方面又非常渴望迅速得到别人的接纳和喜欢，以证明自己是一个受欢迎的人。于是，如果一个人发现只要自己主动一点，表现得热情一点，营造一种感官上的熟悉感，就可以拉近彼此的关系，甚至能赢得别人的好感和信任，那他为什么不去做呢？

这样的积极反馈多了，他们对初次见面时的不熟悉和尴尬，就不再有畏惧的心理，相反，这还会激发他们主动和别人交谈的热情。于是，“自来熟”就成了很自然的事情。

需要指出的是，“自来熟”是一种社交技术，而不是一种社交情感。

内向者本身的社交欲望不强，在人际关系中也没有强烈的掌控欲，更重要的是，内向者在人际交往中，更喜欢忠于自己的内心。喜欢就是喜欢，不喜欢就是不喜欢；有感觉就是有感觉，没感觉就是没感觉，他们不愿意用套路去换取一些所谓的熟悉感。当一个人用佛系、随缘的态度来处理自己的人际关系时，慢热也就不可避免了。

与慢热的人，请深交

关键词：浅层关系　深层关系

在浅层关系中，慢热对人际交往的不利方面是很明显的。

所谓浅层关系，指的是陌生人之间，或认识但不熟悉的人之间的关系。身处在浅层关系中时，内向者最难受。

比如在一个陌生场合，大家都不是很熟悉，一个人不善言谈，半天不说一句话，这在关系中确实是一个问题。它会导致别人不能更简单、快速地了解你。也就是说，别人在刚与你接触时，理解和读懂你的门槛会有些高。如果了解的门槛太高，愿意认识你、靠近你、走进你生命的人就会少很多。

在这种情境下，慢热的人不如快热的人。因为后者开朗热情，善于调动别人的情绪，容易给人留下深刻的第一印象。

但是，所有的事情都有另一面。第一印象虽好，但它也有“不足”：这种印象会随着两个人交往的深入而不断被修正。对于第一次相处时感觉浑身闪闪发光、特别完美的人，与其相处久了我们会发现他们也不过如此，甚至在某些地方还很讨厌；相反，对于那些刚认识时无感，甚至印象不太好的人，与其相处久了我们也会发现其实他们也有不少优点，甚至会越来越喜欢他们。

可以说，当时间拉长、关系加深之后，我们对一个人的看法就会越来越全面，越来越理性。这个时候，刚开始投入很多、付出很多的人，可能会有一些失落。因为自己在别人心目中的印象好像没有最初那么好了，别人对自己也越来越冷淡了。这就是第一印象效应失效的一个表现。

另外还有一个重要的原因是，在初次交往时，即便你做得很好，别人表现得也很喜欢你，也不代表这种喜欢就是真实的。

在缺乏了解的情况下，即使你对别人好得无可挑剔，别人在内心深处也未必会认同，他们通常会在经过一段时间的考察和验证之后，才会放下防御的心态，真正接纳一个人。

所以，在交往初期，不管你表现得好还是不好，别人都会对你持保留态度。当你觉得自己表现得不好时，实际情况可能没有你想得那么糟糕；当你觉得别人表现得很好时，实际情况也可能没有你想得那么理想。

在深层关系中，慢热的人相对更受欢迎。深层关系，通常存在于关系密切的家人之间、好朋友之间、长期的合作伙伴之间。这种关系里的人，彼此都很了解，表达能力就不再是对一个人最重要的评价标准。这时大家不仅要看你怎么说，还要看你怎么做。

表达能力太好的人，有时候过于相信话语的能量，以为说到就算做到了，对具体怎样做反而容易松懈。而那些慢热、嘴笨的人，生怕别人再误解自己，所以行动上会格外小心。相处得久了，人们会发现，原来慢热的人，也许更真诚，做起事情来更靠谱。

电视剧《士兵突击》里，成才和许三多就是如此。成才能说会道，会来事儿，又精明能干，在新兵训练中因为表现突出很快就成了副班长，走上了人生的“快车道”。而许三多内向木讷，做事“一根筋”，还经常出丑、闹笑话。新兵连训练结束后他就被分配到荒无人烟的草原五班，军旅生涯刚开始就遭受打击。

但是，随着时间的流逝，单纯、忠厚、不放弃的许三多获得了越来越多人的认可和喜爱，最后成长为“一代兵王”。而圆滑、喜欢耍小聪明的成才却因为功利的处世方式而被大家排斥，遭遇了一个又一个挫折。

所以，在关系的初期，一个人或许能凭借表达能力和包装能力营造一个光彩夺目、备受欢迎的“人设”，但所有的关系走到最后，大家看的还是一个人最真实的样子。靠谱、能为他人着想的人，路会越走越宽；虚假、只会为自己考虑的人，路会越走越窄。

内向者慢热，但也慢冷。对慢热的人来说，时间是你的朋友。别人和你交往的次数越多，时间越久，就越能发现你身上闪光的一面，从而对你更加地认可和信任。当然，前提是要耐下心来，踏踏实实地做好自己。

好的关系，慢一点也没关系

关键词：节奏

1. 心态上：接纳自己的慢

人与人交往是有一定的节奏的，也需要有一点时间的沉淀。

我们可以暂时故意表现出自己很热情，很认同和喜欢对方，但是稍有生活经验的人都明白，我们看到的和感受到的未必都是真实的。

太容易靠近你的人，有一天也会很容易离开你，因为不管是他们靠近你，还是离开你，其实都与你无关。因为你们之间并没有很深的情感连接，更多的是交往技能和套路的使用。

所以，假如你本身就是一个比较慢，在反应上属于“迟钝型”的人，就不要着急，请给自己更多的时间去适应新的生活，而不是拿自己跟那些反应比较快，很容易和别人打成一片的人相比较，按照别人的标准来要求自己。

不管是快还是慢，都不存在绝对的好和坏。只是不同的人选择了不同的社交节奏。重要的是找到适合你自己的节奏，而不是被别人的节奏带着走，最后迷失自我。

2. 行为上：做真实的自己

你平时是什么样子，就表现出什么样子。没有必要因为想得到别人的认可，而故意打造一个并不真实的完美人设。完美的人设就像肥皂泡一样，虽然一时绚丽，但一碰就破。

相反，如果你展现的是一个真实的自己，那么别人会用他们自己的方式来了解你（包括你的优点和缺点），然后调整自己来适应你的特点，并对你形成合理化的预期。即使你身上有这样或那样的不足，这些瑕疵也会一时让别人感觉到不舒服，但他们会通过调整自己的方式来适应你的一些不足。

接下来，如果你们真的有缘分，彼此之间可能会产生更多的认同和好感，你们的关系就能长久地保持下去。相反，如果彼此不是一个频道的人，认清彼此的面目后好合好散，对两个人也没有什么伤害。总之，不管是哪种结果，这对彼此来说都是最优的选择。

所以，坦然地做你自己就好，真正好的关系，慢一点也没有关系。时间是检验两个人关系最好的试金石。

当大家经历过一些事情，对彼此有了非常全面的了解和足够深刻的认识之后，再互相给个“五星好评”，这样的关系才会既真诚，又长久。

场景方案

快速融入新环境的 2 个方法

慢热的人最不喜欢的就是换环境。不管是学生时期换班级，还是成年以后换工作，对慢热的人来说都是一个考验。“每到一个新环境，就跟‘死’过一次似的”，这是让很多慢热的人产生共鸣的一句话。

那么，有没有什么办法可以让内向者融入新环境的过程快一点，时间短一点呢？这里，我分享两个应对的小方法。

我们要明白，内向者融入新环境慢，是因为自身的感觉系统暂时失灵。

当我们身处一个熟悉的环境中时，我们的感觉可以自动处理很多细节上的问题，而不需要意识上的参与。这就保证了大脑可以把主要的精力都放在更重要的事情上，而不必为一些琐事分心。

但进入一个新环境后，原来的感觉系统就会处于应激失灵的状态。这时，人就需要在适应环境的过程中逐渐构建新的感觉反应系统，这是一个缓慢的过程，表现在生活中，就是感觉不适应、无助和焦虑。

这种无助和焦虑就像一个人溺水时的感觉一样，他会因为恐慌而特别想抓到一根救命稻草。

什么样的稻草才可以解救我们呢？一是在新环境中，找到自己喜欢做的事情。举个例子，如果一名大一新生发现专业课程都是自己感兴趣的，学习起来得心应手，那么就可以更快地建立自信心和掌控感，从而更容易投入新的生活环境中。

二是在新环境中，找一个外向的人成为好朋友。我上学的时候，也是一个极其慢热的人，每到一个新班级都需要很长的时间才能慢慢熟悉和适应。唯独有一次，我很快就融入并喜欢上了新的班级。原因是我的同桌是一个非常外向的人，因为她的开朗和热情，我对新班级的陌生感被冲淡了不少。

这种情况并不是个例，很多人都曾有过这样的经历和体验。因此，有人就说过这样一句话："一个内向者快速融入新环境的最好的办法，就是被一个外向的朋友'领养'。"确实如此。

与其在别人的世界里微不足道，

不如在自己的世界里光芒万丈。

插画师：kelasco

04

你不会聊天，不是因为嘴笨

沉默也是内向者参与生活的一种方式。不如优先照顾一下自己的需求，先取悦自己，再取悦他人。

为什么我总是不知道说什么

关键词："话废" 意义感　注意力方向

聊天时，找不到话题不知道该说什么，是一件很让人头疼的事。

以我自己为例。刚大学毕业那几年，身边的人都说刚进入社会，你要表现得积极一点儿，多和人交往，多和人沟通。道理都懂，但落到行动上，却发现好难。最直接的一个问题，就是在关键时刻大脑像"断片"一样，不知道该说什么。而且，这似乎也不是努不努力的事情。在心里，你可能真的是很用力地在找话题。但你就是找不到可说的话。这种感觉就像在撒哈拉大沙漠里寻找水源一样，让人慌乱又绝望。于是，你只能被动地沉默。

之前有一个网络用语叫“话废”，指的就是这种情况：不善交际，不会聊天，很难参与别人的交流，和别人在一起时很容易冷场。

我们之前曾针对内向人群做过一次问卷调查，结果显示：内向者在社交时感到最困扰的问题中，“聊天时找不到话题”高居第二位。

那么，如果你也经常遇到这种情况，该怎么办呢？

要回答这个问题，我们就得先了解清楚，为什么会出现这个问题。

首先，话少是内向者独特的表达方式。内向者身上会表现出一种很强烈的反差。一方面，他们在别人聊天时常常一言不发，似乎对大家所讨论的话题知之甚少，或者没有自己的想法和见解。但是另一方面，一旦内向者主动开口说话，就很容易说出一些精辟的见解。给人的感觉就是不鸣则已，一鸣惊人。

之所以如此，是因为内向者在表达时追求准确，并希望言之有物。

作为一个典型的内向性格的人，我在过往的生活中经常会遇到这样的情况：大家在很热烈地讨论一件事时，我的头脑中会突然闪现出一个很不错的想法或观点。但在通常情况下，我不会急于把这些说出来，反而是会多出一些迟疑。我会想：这个念头是正确的吗？这个逻辑是合理的吗？现在说出来合适吗？等等。正当我在为要不要说而犹豫和纠结时，有一个人突然站了出来，说出了我想说的话，然后得到大家一致的认同和称赞。这时我又会陷入一种懊恼当中，后悔自己为什么不第一时间说出来。

这样的情况，相信很多人都遇到过。这就是内向者在表达上的习惯，开口说话前需要反复思考，希望想清楚了再去说。这一点和外向者是有很大不同的。外向者在说话时会一边想一边说，想到什么就说什么，哪怕自己的想法还不成熟。但内向者对自己所说的每一句话都有严格的要求，要么很有见解，要么确保不能说错。

不同的表达门槛，决定了不同的表达频率。当一个人对自己所说的话没有那么多条条框框时，就会无所顾忌，敢于或乐于去表达。而当一个人对自己所说的话有一定的要求时，“想到”和“说出来”之间就会多出一个过滤网，过滤掉很多话语。

对内向者来说，这个过滤网的核心就是意义感。聊天时，如果他觉得某一个话题没有营养，没有意义，就会失去表达的欲望。

比如刚遇到一个朋友需要打招呼寒暄几句，外向者通常会热烈地和对方聊很多事情。从当天的天气，到对方穿衣打扮及神情状态的细节变化，再到社会上发生的热门事件，总之会让各种话题占满两个人刚见面时的那段时间。

但是在内向者看来，这些天马行空的聊天都是一些套话，空洞乏味，没有意义。因此，内向者不喜欢寒暄，不喜欢把时间浪费在这些“毫无价值”的环节上。内向的人喜欢直奔主题，简单的一句“你好”之后，他们就会切入正题，讨论想讨论的事情。事情说完，聊天也就结束了。

因为把很多事情都划归到无意义的范畴，所以在生活中，我们可以看到内向者常常是沉默的。当周围人欢声笑语聊着各种各样有趣的话题时，内向者就像局外人一样作壁上观。

很多人把这理解成冷漠和孤僻，觉得内向者这样的反应是一种心理问题，要调整。但实际上，沉默也是内向者参与生活的一种方式。

他们并不是什么都没做，而是像捕猎者一样，在不断地观察和寻找，寻找有价值、有意义的目标。在没有找到之前，他们会一直保持沉默，处在一种蛰伏的状态。而一旦找到让自己觉得有意义的人和事，内向者就会把所有的时间和热情投注在其中，从而呈现出与平时截然不同的样子。

比如有的人在面对陌生人或不熟悉的人时，会话少、拘谨和被动，但在和关系亲密的好朋友在一起时，又会非常活跃，甚至会变成一个“话痨”。还有的人，在人稍微多一点的场合就不敢说话，被迫说话的时候也磕磕巴巴，但在涉及自己感兴趣的课题上做分享，甚至是演讲时，他们又会侃侃而谈，逻辑严密，思考深刻，让人刮目相看。

可以说，意义感既是那个能打开内向者生命能量的开关，又是那个能打开内向者话匣子的关键。“好好活就是做有意义的事”，这是电视剧《士兵突击》里的经典台词，用在内向者身上我们也可以说：“好好聊天就是说有意义的话”。

其次，聊天时有没有话题与我们注意力的方向有关。为什么有的人和别人聊天时经常大脑一片空白，不知道该说什么，而有的人总是话题很多，从不冷场呢？

我们经常以为，要说的话是我们主动想出来的，其实这可能是一个误会。会聊天的人从来不去想我接下来要说什么，如果你问一下身边善于聊天的人，他会告诉你：我只是把到嘴边的话讲出来而已，至于这些话是怎么来的，我也不知道。

说话有时候就像一个水龙头一样，内向的人和外向的人所做的都是一样的，就是打开那个水龙头，区别是：前者打开后发现没有水，而后者有取之不尽的水。

为什么会有这样的差别呢？在认知心理学家看来，人的心理就像电脑的操作系统一样是一个信息加工的系统，我们的意识简单来说主要在做两件事，一件是从周围的环境向大脑输入信息，另一件是向周围的环境输出信息。

外向者之所以经常有说不完的话题，是因为性格因素导致他们乐于与人交往，有与人相处的本能冲动。而在相处的过程中，通过不断与周围的人沟通交流，无论是话题的广泛性还是交流的技巧都会得到广泛的扩展。相反，内向者因为喜欢独自思考问题，与他人交往的意愿不强，因而和别人沟通的次数和频率相对于外向者来说，会有很大的减少和降低。

因此，当内向者和外向者与同一个人交往的时候，虽然他们看到的是同样一个人，但是在交流的过程中他们真正从对方身上输入的信息是有天壤之别的。

内向者看到的是一个模糊的、低像素的人。除了对方的性别、长相、外貌以及穿着等简单的信息，内向者从对方身上观察到的东西很少。更多时候，他们把注意力都放在自己身上：

- 我应该说什么？

- 我刚才那句话是不是不合适？
- 我的表现是不是很差？

内向者不管与谁交往，眼中看到的更多是自己，而不是他人。这导致他们在人际交往中，能够从外界输入的信息很少，因此可供输出的也不多。

而外向的人正相反，他们把注意力完全放在对方身上，看到的是一个清晰的、高像素的人。对方的一言一笑，一个微小的表情变化，一个不经意的肢体动作，都会汇集成丰富的信息，源源不断地输入他们的头脑中，最终加工成一个个可供表达的想法和念头。所以，他们在和别人聊天的时候才会话题如泉涌、信手拈来。

这就是为什么外向者的“水龙头”里永远有水的真正原因。

总之，人际交往中能不能对他人产生浓厚的兴趣，是一个人会不会聊天的动力源泉。只有对周围的人有好奇心了，才会把目光转移到别人身上，也才可能在心中产生很多问题，然后和对方交流。这是解决类似问题的最根本的办法。

当然，因为性格和习惯的问题，内向者对事物的兴趣浓厚，而对人的兴趣不大。这就从根本上决定了内向者在社交中的话题量不如外向者的大。但内向者也不必急于自我否定，就像我们之前提到的，一切社交行为都是围绕我们的社交需求开展的。聊天也是如此，重要的不是和别人比较，不是分出谁聊得好谁聊得差，而是能不能满足自己在这件事上的需求。

你喜欢聊天，那么聊得越多就越好；你觉得没什么可聊的，那么保持安静也不是一种错。

主动式聊天：说你所喜欢的

关键词：寒暄　兴趣

刚才我们探讨的是内向者在聊天时找不到话题，经常不知道说什么的深层原因。至于这算不算一个问题，主要取决于个人的体验和感受。如果你觉得没有什么不舒服，对自己的生活和工作没有太大的影响，那么，这就不是问题，顺其自然就好。

相反，如果你觉得很不舒服，或者这个问题给自己的日常生活带来了很多不利的影响，那么你就需要走出自己的舒适区，主动找一些话题。

具体怎么做呢？

1. 聊一些轻松的话题

不管是人际交往，还是人际交谈，最重要的都是人，而我们经常忽略这一点。

以前我和人沟通时，最喜欢的是直奔主题，有事说事，事情说完了就撤，觉得这样简单、直接、高效，不拖泥带水。那时最不喜欢的，就是见面时的寒暄，觉得都是客套话，既没什么用，也没什么意义。

寒暄是套话吗？多数情况下是的。但既然如此，它又为什么一直存在呢？答案是，人们需要它。为什么需要？我们只要关注一下人们在寒暄时说话的内容就知道了。

- 你是哪里人？
- 你在哪里上的学？
- 你喜欢什么好吃的？
- 你今天的衣服 / 发型 / 包 / 表怎么样？

人们聊这些，可能与接下来要聊的正事无关，却与聊天的人密切相关。它传递的一个信息是：我是在和你谈事情，对于我来说，你是最重要的，其次才是与你有关的事情。

正因为这层逻辑的存在，在聊正事前如果能闲聊几句，就会让人感觉更放松，彼此的心理距离更近一点。相反，如果一个人不管和谁说话，都表现出一本正经谈事情的状态，这样的交流方式就会让别人觉得太干，有一种硬邦邦的感觉，总之不太舒服。

而这种不舒服的根源，就是对人的忽略。它传递的微妙信息是：我对事情感兴趣，对你不感兴趣，事情比你更重要。这就是让人讨厌的一种感觉了。因此，要想说话有温度，关键是关注人，聊一些和对方有关的细节话题。一个人，只有自己本身被看见，被关注，被重视了，心里才会暖暖的，也才会有热情打开话匣子，主动和你攀谈。

对内向者来说，不喜欢寒暄，不喜欢说一些如外交辞令的客套话，这是本能。我们也没有必要像外向者那样在寒暄上表现得有多好。但是，适当地聊一些轻松的话题，拉近一下彼此之间的感情，对整个聊天来说也是有价值的。有价值，其实就是有意义的。

2. 聊自己感兴趣的话题

人们常说，内向者不善言辞。其实这句话不准确。内向者并不是不喜欢说话，只不过很多时候觉得别人聊的内容不能打动自己，没有想说的欲望。而当遇到自己感兴趣的话题时，内向者也会滔滔不绝地谈论。

我身边有很多心理咨询师朋友，其中有不少就是内向性格的人。他们在生活中往往很安静，总是少言寡语的样子。可一旦聊到和心理有关的话题，他们马上就会变得侃侃而谈，仿佛变了一个人似的。

有些内向者在和别人交往时，因为害怕冷场，或者担心别人不喜欢自己，会有一种讨好倾向，觉得自己要说一些让对方感兴趣的话，这样才能聊起来。但内向者又没有外向者那么敏锐的社交观察力，不知道哪些是对方喜欢的，哪些是对方不喜欢的，所以想讨好也不知道该如何讨好，陷入越逼着自己去说越不知道说什么的两难境地。

在这种情况下，不如优先照顾一下自己的需求，先取悦自己，再取悦他人。也就是说，聊天的时候可以看看哪些是自己感兴趣的话题，先释放和满足自己的表达欲。如果对方恰好也对这些话题感兴趣，那么交流就会变成一件既容易又愉快的事情。

即便有些话题只是你个人单方面感兴趣的，这也是有价值的。一个人的兴趣爱好就像一个标签一样，会提升自己在他人印象中的辨识度。通过你的分享，别人可以更好地认识和了解你。这对拉近彼此的关系也是有帮助的。

我不说话，是因为我更愿意听你说

关键词：积极回应　倾听　50% 原则

聊天不仅仅是主动表达，当别人说话时，如何去回应也是非常重要的一部分。

在这方面，内向者可以做些什么呢？

1. 积极回应

有的人容易“把天聊死”，是因为习惯了一问一答式的沟通模式，别人问一句，自己就答一句，别人不问了，自己就保持沉默，既没有主动去聊自己的想法和感受，也不去观察和询问别人感兴趣的事。这样的互动方式，很容易让人以为你没有聊下去的意愿和热情，从而也失去了继续谈下去的兴趣。

因此，好的交流和沟通不是审问式的一问一答，不问就不答，而是你来我往的交流和分享，只有懂得积极回应，人们聊天的兴致才会被激发出来。

那么，什么样的回应方式是积极的呢？多用“发生了什么？”“然后呢？”这样的回应方式，就可以鼓励对方去描述发生的事情，并在一些对方感兴趣的细节上做深入的交流。而通过使用“好幸福”“真为你感到高兴”“你是不是感觉很难受”等表达方式，来回应对方的感受，会让对方有一种内心被看见，被理解的认同感。

这样的一种回应，既有表层信息的交流，又有深层情感上的链接，更容易赢得对方的认可和好感，从而让对方愿意和你进行深入交流。

2. 善于倾听

人际交往中，表达的能力很重要，但还有一种能力也很重要，甚至比表达更重要，那就是倾听。

聊天时，人都喜欢彰显自己的存在感。显然，侃侃而谈，成为焦点的人，最有存在感。于是大家就产生了一种幻觉：你越能说，就越有存在感，别人就越喜欢你。这也是内向者头脑中容易出现的一种认知：我不说话，所以我没有存在感，因此不会有人喜欢我。

事实并非如此：在人际交往中，我喜欢你，真正的原因不是因为你很好，而是和你在一起，让我感觉我很好。聊天的时候，是一个喋喋不休的人让你感觉好，还是一个认真倾听你，让你充分表达自己意见的人让你感觉更好呢？显然，后者更让人舒服。

所以，一个人如果想吵架，言辞越犀利、表达能力越强可能效果越好。但如果你想和别人进行愉快的交流，提升彼此之间的好感，其实最重要的不是说，而是倾听。

大多数人都是“自恋”的，表现在关系中，就是都希望自己被看见，被关注，只有这种心声被满足了，他们才会觉得你是一个值得信赖的人。所以，善于倾听的人，看似比较被动，但在拉近关系的层面上，其实比别人已经先走了一步。

在人与人之间的沟通中，说和听其实是有排序的，越是在重要的事情，或者重要的关系上，越要把倾听放在首位。能言善辩不如洗耳恭听，会不会倾听也是一个人情商高与低的重要区分点。

对内向者来说，倾听并不是一件难事，甚至是一种刻在基因里的本能。所以，一方面，我们要认可自己在这方面的天赋，不要被外界的声音影响，误以为说话少就是一种问题。另一方面，安静有安静的魅力，话少有话少的价值。我们需要做的，是了解自己的特点，然后在人际交往中扬长避短，尽量发挥自身的优势。

倾听时，内向者需要把握好“50% 原则”。

内向者在聊天时习惯了“听”，巴不得周围的人能一直说，自己只要回复“嗯”“啊”“好”“是的”就行。而外向的人习惯了“说”，恨不能占用所有的时间，把自己心里所有的话都倾倒出来，这样才感觉痛快。但不管听也好，还是说也好，一旦过度都会让别人不舒服。前者容易让别人觉得冷漠，心里有隔阂，而后者则容易让别人觉得唠叨，心生反感。

要避免这样的情况，可以用 50% 的原则来调整自己。比如内向的人可以提醒自己，和别人聊天时听的时间不能超过 50%，这样就可以有意识地促使自己多说一些。当然，现实情况是复杂的，50% 不是一个硬性的标准，而是一个方向，提醒我们要改变自己的说话惯性，不要过度。

总之，安静可以，但不能太安静。

冷场也没关系

关键词：顺其自然

对一个内向的、不善言谈的人来说，我们可以花一些时间，消耗一些精力来缓解聊天时不知道该说什么这个问题。毫无疑问，这是可以做到的。但是，我们能做到的也只是程度上的缓解。

换句话说，你永远无法消灭这个问题，你也永远无法像外向者那样轻松自如地驾驭各种话题。

紧张、大脑卡壳、冷场，这些曾经困扰过我们的问题会一直存在于我们身上，存在于我们以后的各种社交活动中。但这也没有关系，随着年龄的增长，人生阅历的增多，我们对很多事情的看法会发生改变。

聊天而已，想说的时候就多说几句，不想说的时候就闭嘴。说不好没关系，别人能听懂自己的意思就行；冷场也没关系，谁说话没有冷场的时候呢？

当你对一件事看淡的时候，做这件事时整个人也会变得很自然。你不会再把聊天当成一件很重要的任务去完成，不会再绞尽脑汁地提前准备话题，不会再一边聊一边计较着什么该说什么不该说，而是将聊天这件事完全交给自己的感觉、自己的心情。

心情不错，就多聊聊；心情不好，或者觉得聊的没意思，就少说些，或者干脆主动结束聊天。

当用自己的感受而不是头脑来接管聊天这件事时，就顺畅多了。这时你会发现，自己终于开始驾驭聊天，而不是被聊天驾驭了。

场景方案

正向沟通：一个情商很高的说话技巧

嘴笨的人，不能很好地驾驭语言，所以相对于能言善辩的人常常显得木讷，没有存在感。但不善言谈的人就一定是社交中的失意者吗？也不是。我们可以看一看自己的朋友圈，是不是就有那么一两个嘴笨的朋友，而且这样的朋友在你的心中还占有很重要的地位？

答案也几乎是肯定的。那么，他们是怎样做到这一点的？这背后又是怎样的逻辑呢？如果我们深入分析的话就会发现，那些嘴笨但是又让人喜欢，甚至是敬重的人，都拥有这样一种能力：正向沟通。

正向沟通是一种理念：沟通的关键不在于语言上的技巧，关注技巧的沟通其实解决的只是表面的问题。真正有效的沟通在于，和他人相处时，你想把这段关系引向什么样的方向——是竞争，还是合作？

有的人很强势，气场强大，他们在与人相处时更喜欢那种对抗的感觉。这种类型的人很喜欢讲道理、分对错。一旦证明“我”是对的，“你”是错的，“我”就可以名正言顺地掌控“你”，让“你”顺从我。所以言语对他们来说，就是一件很好用的武器，可以用来征服他人。这种相处方式的特点就是把自己与他人对立起来，彼此是一种竞争的关系，所以话语权很重要，它决定了一个人在这种竞争中是处于优势还是劣势。

还有一种相处的方向是建立合作。也就是说，两个人并不是面对面的对立关系，而是肩并肩的合作关系。我与你在一起，并不是为了掌控你，也不想征服你，而是为了合作，为了达成共识，这就是正向沟通。

具体应该怎么做呢？简单来说有 3 点。

1. 尊重和自己交往的人

关系是人与人之间的互动，所以你如何看待对方，对方有没有被认同、被重视的感觉，对两个人的相处是有很重要的影响的。当一个人觉得对方是友好的、善意的时候，会有一种相处的模式；当一个人觉得对方是不怀好意的、对立的时候，则会有另外一种相处的模式。所以，你带给别人是尊重的感受还是不尊重的感受，激发出的是不同的回应模式，这是方向性的问题。

那么，怎样才能展现出对对方的尊重呢？

有一个最简单的方法，就是在别人说话的时候认真倾听，并及时回应对方。除了言语上的交流和附和，也要注意身体语言，比如通过注视着对方，或者点头回应等方式也可以显示出对对方的重视。这样，对方就会觉得你是在很认真地和自己交流，从而更愿意深入交往。

2. 照顾别人的情绪

沟通是有两层含义的：一层是信息的交流；另一层是情感的连接。比如，你的朋友被一个人欺骗了感情，很生气，找你倾诉。这个时候如果你说："生气有什么用？你该这样去做。"并且提了很多建议。即使你讲的很对、很在理，这个时候对方也很难听得进去，因为这不是对方真正想听的。

但是如果你说："我能理解你的感受，谁碰到这样的事也会不好受。"那结果就会变得不同。这样的回应就是在照顾别人的情绪，对方就会觉得有人能理解自己、懂自己，因而在情感上就能建立一种认同。

3. 相对于是非对错，更重要的是找到共识

很多人在遇到问题和冲突的时候，会习惯性地分对错，这一点可以理解，但是我们也要明白这样一种事实：有时候对错是很难分清楚的，因为双方立场不同，看问题角度的不同，对错真的很难去判断。

这也是为什么，现实生活里人们在谈论一些事情的时候很容易争吵起来的原因。大家都觉得自己对，对方错。很多错误

就是在我们坚信自己正确的时候发生的。过于在乎对错，代价就是感情容易被伤害。

所以，遇到冲突，尤其是事情比较复杂，也不好分对错的时候，不要在这个问题上过于纠结，重要的是去思考怎么解决这个问题。而解决问题的关键就是找到共识，这是需要双方妥协才可能实现的。

在沟通的时候以合作为导向的人，有时候在处理问题的时候会吃一些小亏，比如有时候明明不是自己的问题，他可能也会主动妥协，以促使两个人达成共识。这样的做法看起来不够聪明，会吃亏，但收获是，能够积累别人对自己的信任，让别人知道而且确信，你是一个可以信任的人。

当越来越多的人认识到这一点的时候，就会有更多的人与你合作，因为你能照顾别人的需要和利益。这样越往后走，你的影响力就会越大，那时你和别人沟通时，其实就不需要什么技巧了。

这才是正向沟通真正的价值所在，它具有一种成长的力量，时间越久，你就越强大。

保持冷酷，不亏待每一份热情，也不讨好任何一种冷漠。

插画师：kelasco

05

你不必讨人喜欢，你需要的是被讨厌的勇气

你可以不发脾气，但不能不会发脾气。不要轻易丢掉自己的攻击性，它是你赖以生存的根本。

冲突恐惧症

关键词：逃避　讨好

冲突是人际关系中不可避免的一件事。不管是家人之间，朋友之间，还是同事之间，只要与人交往，就可能会遇到一些问题，产生一些矛盾，进而发生冲突。

人际间的矛盾和冲突带来的负面影响是显而易见的。社会心理学家大卫·约翰逊说："冲突会制造愤怒、敌意、痛苦、难受、持久的仇恨甚至暴力。"人的本能是追求快乐，回避痛苦。所以，面对冲突没有人能够保持淡定。

对内向者来说，面对冲突更是一件痛苦的事情。一名作家曾说过这样的话：“在两个人的相处中，我好像都不会表达自己真实的情绪，不会去跟对方争吵，我非常害怕冲突，非常害怕让别人不高兴。”

这种害怕，如果达到一定程度，就会演变成冲突恐惧症。害怕一切冲突，一想到可能让别人不高兴就会焦虑不安，甚至是崩溃。

内向者害怕人与人之间的冲突，原因也不复杂。

内向者在骨子里就不太善于与人打交道，也不想在人际关系上花太多时间和精力。而冲突就像一颗炸弹，不仅带来巨大的冲击，还会将问题变得更加复杂和难以收拾。要想处理好这种棘手的局面，不仅需要高超的社交技能，还需要一个“大心脏”，面对混乱能沉得住气，能顶住各种压力。内向者在这些方面都是短板，所以面对关系中的冲突时，就会像一个小学生面对微积分一样，容易陷入一种习得性无助的状态，经常不知所措，不知道该如何面对。

在这种情况下，内向者在面对冲突时形成了两种主要的防御策略。

1. 一种是逃避

内心的声音

“我很生气，真想和她翻脸！”

我有一位朋友，讲过这样一次经历。她有一次去外地出差，当地的一个老同学接待了她。餐桌上，那位同学当着别人的面，以开玩笑的名义讲她以前的各种糗事，一点儿也不顾及她的尊严和感受。她心里很不舒服，但又不敢表现出来，因为脑海中一直有个声音在对自己说：“别冲动，别因为这点小事把关系搞砸了！”

这位朋友说，这也是她长久以来和他人相处时典型的一种状态：每当和别人有不一致或利益冲突时，自己总是习惯性地委屈自己，成全他人。别人占我的便宜，我当做没看见；别人说我的坏话，我当做没听见；别人当面挑衅我，欺负我，我忍气吞声，当做什么都没有发生。

这种假装问题不存在的处理方式，就是逃避。他们通过这种蒙住自己双眼的鸵鸟战术，让自己避开一些不好对付的人，一些不好处理的事，从而远离冲突，获得一种解脱。

2. 另一种是讨好

讨好有两种：第一种是预防性的讨好。

两个人会不会发生冲突，一方面取决于两个人遇到的具体问题。比如是否有利益上的冲突、观念上的差异，等等。另一方面还取决于彼此之间的关系。陌生人之间可能会因为“你瞅啥”“瞅你咋地”这样极小的问题而发生很大的冲突，原因在于他们之间没有任何关系，缺少一定的情感基础。而好朋友之间因为关系好，所以再怎么开玩笑、搞恶作剧也不容易发火，不会引发冲突。

内向者不善于处理关系，但有一点是可以做到的，就是对别人很客气，不会轻易伤害别人，在别人需要帮助时也很少会拒绝。这样也是在提醒和自己交往的人：我没有伤害过你，所以当有一天我们发生利益冲突的时候，希望你也能对我谅解一点。

第二种是冲突发生时的讨好。

当冲突真的发生时，不管我是对的还是别人是对的，也不管我的诉求是合理的还是不合理的，只要和别人的想法不一致，就马上缴械投降。

内心的声音

“可是，我怕失去这个朋友……”

有一位朋友这样描述自己的感受：“在和朋友相处的时候，我感觉自己总是小心翼翼的，总是习惯性地去讨好和取悦别人。每说一句话，都要想别人会是什么反应，会不会不高兴。有时候明明别人对我的态度很不好，但我就是不敢表现出不高兴，生怕因为自己的冲动而破坏两个人的关系。”

这样的人最爱说的一个词就是“对不起”：“对不起，都是我的不对；对不起，都是我的不好。”通过这种“否定自我，成全他人”的方式，他们来解决眼前的冲突，避免矛盾的激化。

总之，内向者面对人际关系中的冲突，要么避免它发生，要么在它发生时尽量减少“火药”，避免事态扩大。这是内向者比较常见的应对思路。

不亏待每一份热情，也不讨好任何一种冷漠

关键词：自我苛责　心理适应机制

1. 逃避并不可耻

我们经常说，逃避是可耻的。但事实上，事情往往没有那么简单。任何一种行为，任何一种处理方式，它的出现必然有它的道理。尤其是当这样的反应是一种普遍的现象时，背后肯定有其必然存在的道理。

比如回避，我们都知道回避问题不好，不利于问题的解决。但事实上，很多时候回避问题是必需的。比如你和你的好朋友因为一件小事发生了误会，当你想平静下来去解释一下的时候，

你的客户给你打电话，让你过去签一个很大项目的合同。这个时候，你是去签合同呢，还是不去签合同而马上去解决这个误会？

这个例子可能有些极端，但是它反映了真实生活中的一个道理：每个人每天都要处理无数个问题，因此我们需要根据轻重缓急进行排序，需要清楚哪些是急需解决的，而哪些又是需要暂缓处理的。

此外，有时候我们还没有解决问题的能力，这也需要暂时的回避或者妥协。所以，生活是复杂的，我们要意识到这种复杂。

当然，也有很多时候，问题会像狗皮膏药一样贴在你身上，糊弄是糊弄不过去的。这个时候，如果我们还是一味地回避，不迎难而上去解决它，那么这些外在的冲突就会内化，成为我们内心的冲突。

比如，有的人很善良，希望和周围的人都能处好关系，有这种追求的人，很怕和别人发生冲突。如果有人对他们提一些不合理的要求，或者明目张胆地占便宜，他们为了不把关系闹僵，通常不敢拒绝，而是用委屈自己的方式来化解外在的冲突。

表面上看，问题解决了，但其实并没有。事情过去后，你的内心会陷入激烈而长久的冲突中，你会忍不住想："我怎么这么软弱？！""我怎么这么胆小？！"

这些声音多了，我们就会逐渐对自己形成一种负面的评价："我不行。""我很差劲。"

当一个人的内心充斥这些自我苛责的声音时，就会变得越来越不快乐，越来越脆弱。

所以在生活中你会看到，越是单纯的人，遇到真正的问题时就越是慌乱。他们就像温室里的花朵一样，无法承受现实中的狂风暴雨。

2. 你对别人再好，冲突也不可避免

《交往的艺术》一书的作者认为，如果你想从自己的生活中消除冲突，就如同想阻止地球围绕着轴心旋转一样异想天开。不管你怎么做，冲突都会发生。

简而言之，你对别人再好，冲突也不可避免。因为，冲突的产生是有很多不可控的原因的。

- 冲突往往跟双方看重的事情有关系

比如，周末，你喜欢宅在家里，喜欢享受一个人的清净；而你的伴侣喜欢外面的世界，喜欢与人交往，觉得待在家里简直是浪费时间。在这种情况下，如何安排周末的活动往往会引起冲突。

这样的冲突不是谁对谁错的问题，而是在乎的事情不一致的问题。

- 因为行为习惯不同，一方对另一方做事方式看不惯导致的冲突

有时候，一个人让我们生气，不是因为对方不做事，也不是没做好，而是我们看不惯这个人的做事方式。比如一个雷厉风行的人，就很容易被一个做事慢条斯理的人弄得火冒三丈。

也就是说，有些不满不是因为对错，而是人的喜好的不同。

- 从不同的视角看同一件事，会有不同的感受。这种视角差异也很容易引起沟通中的冲突

世界上没有完全相同的两个人，生长环境、人生经历以及年龄的不同，必然导致两个人看问题的角度是不同的。

但是我们在沟通的时候，往往会有一种透明度错觉，就是认为对方知道我们是怎么想的。其实，只要你不明明白白地说出来，很少有人能知道你当下内心的想法。当两个人都沉浸在自己的想法中时，沟通就会变成“鸡同鸭讲”。你讲东，他说西，你说具体事情，他讲处事原则。在这样的情况下，要想避免冲突就简直太难了。

3. 讨好并不能换来好

讨好真的能换来别人对自己的认同和包容吗？实际上并不能。

在人际关系中，关于别人会如何评价我们是一件很复杂的事情，它取决于很多因素，而且随着时间的变化，这种评价也会发生改变。

假如你总是替一个人着想，尽可能地帮助他，对方对你的好感和认可肯定会很高。但是这并不是说，对对方越好，他对你的评价就越高。

人在心理上都有一种适应机制，也就是说不管遭遇挫折和痛苦，还是获得满足和快乐，从长远的角度看，我们都会适应某一种状况。这样一方面可以使我们减少对负面情绪的敏感度，从而保护自我；另一方面也会降低我们对积极情绪的兴奋度，避免我们的心理长期处于失衡状态。

心理适应机制的存在决定了，当你对一个人好到一定程度的时候，即使你做得再多，对方对你的评价也不再会提高多少。而一旦对方习惯了你这种“高浓度”的好，某一天或者某一次你无力承受时，反而会引起对方的不适，甚至怨恨。

所以，讨好的出发点虽然是为了获得别人的认同，但实际上，很多时候你讨来的可能不是好，反而是轻视，甚至是厌烦。

你要学会表达愤怒，
当然也可以选择愤怒地表达

关键词：目标　发脾气　内在的声音

面对关系中的冲突，内向的人该怎样应对呢？

1. 根据自己的目标来灵活处理冲突

无论是工作也好，生活也好，我们都应该有一个自己的目标，这个目标是各种重要需求，以及人生愿景的体现。

我们每天都可能会遇到一些大大小小的冲突，冲突带来的负面感受很容易影响我们。这时我们就需要面对一些选择：哪些冲突需要立即解决，哪些可以暂时先放一放；哪些冲突需要

妥协和忍让，哪些需要坚持原则，展现自己强硬的一面。

梳理好这些取舍的依据和标准，就是你当下的生活目标。

当你有自己的目标，知道当下最想要的是什么时，你就会知道在有些事情和问题上的妥协和忍让是有价值的，它能让我们集中精力，专注于对自己更重要的事情。

因此，有时候对生活坚定的目标和方向感，也是帮助自己去应对冲突的重要工具。

总之，面对冲突我们不是不可以回避；面对他人，我们也不是不可以讨好。但我们要清楚，这样做更多是一时的权宜之计，而不是唯一的选择。

成熟的人知道冲突的复杂性，所以面对冲突的时候，也会根据实际情况灵活处理。这样，我们才是在掌控冲突，而不是掉进冲突的旋涡中。

2. 敢于发脾气

内向者在面对人际关系时，经常有一种理想化的倾向，就是追求纯粹。比如，他们希望做一个纯粹的好人。在与别人交往时，希望自己呈现给别人的是一种单纯、善良、有爱心的积极形象。而展现真实的自己，尤其是自己身上可能会让别人“不开心”的一面，就可能会打破“我是一个好人”这样的印象或人设。

为了避免“人设崩塌”，很多时候，我们宁愿牺牲一些自己的时间、精力甚至是利益，也会硬着头皮顶上去。

比如，别人请求你帮忙做一件事，即便你并不想这样做，或者如果做了会让自己受到一些不好的影响，最后纠结挣扎之后也可能选择答应。因为你不想让别人不开心。

再比如，你明知道有些人就是在占你的便宜，甚至是欺负你，但就是不敢发脾气。一方面你怕矛盾激化，后面不知道如何收场。另一方面你不想自己在众人面前展现出生气的样子，担心这样的形象会让别人不舒服，改变别人对自己一贯的良好印象。

但是，发脾气就会让人讨厌吗？并非如此。

2022年的卡塔尔世界杯上，在阿根廷和荷兰队的比赛结束后，一向温文尔雅的梅西在接受采访时，突然对旁边的荷兰队员发脾气。原来，比赛中对方球员不断用各种方式挑衅梅西，整场比赛火药味十足。在这种情景下，连以好脾气著称的梅西也忍不住情绪失控。

一般来说，当一个人在公众面前失控，有一些不合时宜的言行举止时，会遭受一些批评，引起别人的反感。但梅西的行为并没有让喜欢他的人“粉转黑”，绝大多数的人都给予了他足够的理解和包容。有球迷表示“再老实的人也有被惹急的一天”，还有球迷表示“这才是‘球王’应有的个性，霸气侧漏”。

从这个例子可以看出，相对于一个完美的人，人们更喜欢一个有个性的人，因为这样的人更真实。在生活中，如果我们观察一下身边的人，尤其是那些成熟的、取得了一些成就的人，就会发现他们身上都有一个共性：他们不会轻易伤害别人，但也不会一味地顺从别人。在面对别人的伤害时也敢于展现自己的攻击性，捍卫自己的边界。

所以，人际交往中内向者需要提醒自己：你可以不发脾气，但不能不会发脾气。不要轻易丢掉自己的攻击性，它是你赖以生存的根本。

3. 改变自己内在的声音，并去实践它

当一个人害怕与人冲突时，内在的声音通常是："我要是和别人的想法不一样，人家不高兴生气了怎么办？"这种自我暗示会让人越来越软弱，越来越顺从。要想改变，我们可以把这种消极的内在声音改换成积极的暗示："我要是不说出来，怎么知道对方同意不同意呢？也许结果没有我想的那么糟，我可以去试一试。"

当你改变了内心的声音，对自己多了一些积极的心理暗示时，在面对可能存在的冲突时，才会更加敢于表达自己的想法，更加敢于维护自己的正当利益。

当然，光想是不够的，重要的是，你要勇敢地去做。在真正面对冲突的时候，你不再逃避，不再讨好，看看会发生什么。

举个例子，我在刚参加工作的时候，就是一个很害怕和人发生冲突的人。在我们的合作伙伴中，有一个人比较强势，经常提一些过分的要求，为自己谋取更多的好处。平时，为了保持好的关系，我一般都会做出让步。后来有一次，我记得那天因为别的事情心情非常糟糕，正好这个人又打来电话，提了一个很不合理的要求，然后我实在忍不住了，就非常坚决地拒绝了。

在拒绝的时候，一方面我的态度很有攻击性，把自己的不满完全展露出来。另一面我也把自己拒绝的理由说得很清楚，让对方知道我为什么拒绝。本来我以为，我这样的做法可能会让我们的合作关系破裂，但是没想到，对方见我突然发这么大的火，这么强势，他的态度就好了很多，然后对我的质疑也做了一些解释，最后不合理的要求也不提了。事后，我们的合作关系也丝毫没有被影响。

这样的一次经历让我真正意识到，人与人之间有冲突并不是多大的事，你敢于表达不同的想法，敢于捍卫自己的利益也不会带来灾难，有时候反而会让别人更尊重你。

所以，最重要的，还是去经历，去体验，你只有在做的过程中发现有些事情是可以的，而且收到了很好的效果，以后才会更积极地去尝试。

冲突是常态，有些事不是让路就能解决的

关键词：接纳　解决

一个人内心的成熟，是从敢于直面冲突开始的。直面有两层含义。

第一层含义是接纳冲突的存在。

电影《绿皮书》里有一句话："这个世界很复杂"。确实，这个世界里的一切都是复杂的，人是复杂的，关系是复杂的，情感是复杂的。复杂必然带来矛盾，矛盾带来冲突，冲突带来痛苦，这很正常。一件事你接纳它，你的心态就会好很多，就不会因为它的存在和出现而愤愤不平，这就是一种成熟。

第二层含义是去解决冲突，尤其是外在的冲突。

虽然不是所有的问题都能解决，但只要你想办法去化解，总能解决一些问题。当冲突被多一些化解时，我们的内心也会多一些和解，然后更多的生命能量就被激发出来了。这些不断积累的能量，就是我们遇到新问题时的底气。

最后还是要强调一下，问题是永远解决不完的，所以内心的冲突也会是永远存在的。但这并不是一件坏事，生活就是痛并快乐着，因为这种不好受，我们才更有动力去提升自己，从而遇见一个更好的自己。

场景方案

以和为贵，还是正面硬刚

内向者在生活中一直讲究以和为贵，即便遇到不愉快的事，能忍也就忍过去了。一方面是他们害怕和别人发生冲突，另一方面是不想自己像别人那样大吵大闹，这样显得自己层次不高。但问题是，事情过去后内向者会发现自己的内耗很严重，觉得自己太懦弱，太没有尊严。

那么，面对这样的问题我们该怎样处理？是继续克制自己，做个“老好人”，还是直面硬刚？

关于克制自己和直面冲突，这确实是一个经常让人纠结的问题。但真正的问题不是在于哪一个好或哪一个不好，这两种处理方式都有自身的价值。

克制自我的应对方式更文明，直面冲突更勇敢。有些情况下用文明的处理方式更合适，比如遇到很重要的事情，或者遇到很重要的人时，尽量谨慎一点，处理时要有耐心一点，就不容易犯大错，或者避免遭受大的损失。但有的时候直面冲突更合适，比如对方确实咄咄逼人，很不讲道理，或者侵犯了你的底线，这种情况下就要勇敢一点，该硬气就硬气。

总之，遇到的具体问题不同，解决的最优方案也是不同的。对于个人来说，最大的问题是习惯了用单一的方式去处理所有问题。

比如，一味地忍让，或者一味地用简单粗暴的方式去处理，前者让自己受委屈，积累负面的情绪；后者破坏人际关系，有损自己的亲和力。这些副作用在单一的事件中可以忽略不计，但累积下来就会带来比较大的影响。

内向者习惯了在关系中以和为贵，从处事方式来说很棒，值得自己给自己“点个赞”。只是，我们没有必要在所有的事情上都这样处理。

当别人真的很过分时，你可以表达一下你的攻击性，偶尔发几次脾气。这并不会影响你是一个和善的人，喜欢你的人会照样喜欢你。更重要的是，这样处理可以释放你内在的情绪，缓解一下内在的压力。

当然，做到这一点对你来说可能并不容易，因为人都是有惯性的，即便偶尔去做一次非常态的自己也会有很多心理压力。

所以，你不必逼着自己去改变，顺其自然，等有一天你在一件事上真的忍不住了，发火或者表达自己的攻击性了，再看看会发生什么，然后你就可能会对这个问题有了更真切、更深刻的理解。

总之，好和坏确实是生活的一部分，它们不仅是生活的一部分，还是每一个人身上的一部分。生活不完美，我们自己也不完美，这没有关系，我们活着其实不是为了完美，而是活出真实的自我。

最美好的爱情不是玫瑰与惊喜，

而是你来了以后就再也没走。

插画师：kelasco

06

关系中，和谁在一起真的很重要

适当的拒绝不是冷酷，更不是一种错误，而是在成人世界里生存的必备要素。

社交中可以被动，选择朋友要主动

关键词：自我瘫痪　主动选择

在一次活动中，作家村上春树问 90 岁的单簧管演奏家北村英治：“有什么保持健康的秘诀吗？”

北村英治说：“做自己喜欢的事情，不和讨厌的人来往。”

村上春树笑着说：“这确实是个好办法。”

我非常喜欢这段对话，因为它揭示了社交的精髓。人际交往并不是漫天撒网，结交的人越多越好。相反，关系中我们需要具有一种筛选的能力，即要有意识地选择交往的对象。

在选择的标准上，外向者和内向者有很大不同。外向者注重交往的数量。他们喜欢和各种各样的人接触、交往，遵循的交友原则是多多益善。同时，外向者参加社交是为了实现自我的想法和意志，所以他们喜欢掌控和驾驭各种关系。也就是说，在选择与什么人交往时，外向者通常很主动，有明确的目的性。他们知道该和谁交往，不该和谁交往。

内向者更注重交往的质量。他们只和少数信任的朋友保持长久而亲密的关系，遵循的交友原则是少而精。在亲密的社交关系中，他们知道该和谁交往，但一旦离开了自己的“密友圈”，和不太熟悉的人交往时，他们容易陷入“自我瘫痪状态”。

所谓自我瘫痪状态，指的是一个人独处的时候很清醒，自己喜欢什么，想要什么，该做什么，不该做什么，都有很清晰的想法。但只要一与人相处，就如同被下了“迷魂药”，别人说什么都觉得可以，做什么都觉得没问题，头脑中没有了自己的思考和判断，只能被动地顺应他人。

这种特质带来的一个风险是：倘若你遇见的是一个善良的、靠谱的人，一切都好；但如果你遇见的是一个坏人，一个极端的人，可能就会让自己暴露在危险之中。

内心的声音

“走得越近，我越感觉不舒服。”

内向的小艾刚大学毕业参加工作的时候，遇到一个很热情的同事姐姐。同事平时对小艾很照顾，工作上帮了不少忙。一来二去，两个人就熟了。后来同事问要不要合租，考虑到一个人租房费用高，两个人平时还能有个照应，小艾就答应了。但是，真正合租后，小艾却越来越不舒服。

同事是很热心，但热心得有点过头。不管小艾做什么事，她都要跑过来打听。有时候朋友打电话过来，她也要竖起耳朵听个仔细。之后，还追着小艾问：“谁打过来的？你们是什么关系？”诸如此类。刚开始，小艾还会耐心去说一下，或应付一下。但次数多了，小艾感觉自己就像《楚门的世界》里的主角，时时刻刻都被一双眼睛盯着、监视着，很恐怖。

可是，内向的人有一个不太好的习惯，不会说“不”。所以，小艾即使心里不痛快，碍于两个人同事兼舍友的关系，也不好意思直接表达出来。结果就是，小艾只能委屈自己，憋着，忍着。后来，房子租期到时，小艾找了个理由搬了出来。再后来，同事又一直追问为什么不和她合租了。小艾又不好说出真实的想法，于是就狠下心，连工作都辞了，这才彻底摆脱了这位同事。

某些心理学家认为，内向者很少主动与人接触，大多数情况下，他们是被动地等待别人和自己打招呼，等待别人主动靠近来和自己交往。这是内向者的一个特性。但世界上有那么多人，并不是所有的人都适合去交往。有些人是过于自我或自私，不值得交往；也有些人是三观不同，彼此差异太大，不适合交往。所以他们提出了一个观点：

内向者可以被动社交，但一定要主动选择和谁交往，不和谁交往。

简单来说，我们在与人交往时要做有意识的筛选，懂得该让谁走进自己的世界，该把谁拒之门外。

至于该和谁交往，这是一个很个人化的问题，每个人都可以根据自己内心真正的需要，听从内心的声音。如果你更渴望情感上的满足，那么可以多和温暖的有爱心的人交往；如果你更看重个人的成长，希望自己做事能力上能够不断进步，那就多和一些有进取心，能激励自己的人相处。

总之，先想清楚自己想要什么，明白自己在关系中的需求点，然后根据自己的需要去主动选择想要交往的人即可。

特别需要注意的是，人际交往中经常有一些陷阱，一旦误入就可能会给自己带来无尽的麻烦。也就是说，对内向者而言，有一些类型的人是需要谨慎交往的。

任何消耗你的人，多看一眼都是你的不对

关键词：控制　制造内疚　习惯性抱怨

1. 控制型的人

控制型的人最典型的特征是，我会对你很好，把你当成最好的朋友，当成自己人，但前提是一切都要听我的。

在与控制型的人交往的初期，你会感觉特别舒服。他们通常表现得既热情又有魅力，不管你有什么需要，他们都能满足你，让你体验到一种被无条件认同和支持的归属感。但交往久了，你又会发现一个问题：你不可以有自己的想法。

不管是聊天也好，一起做事情也好，你都要按照他的想法和意志来，听从他“精心”的安排。一旦在某件事上你“不听话”了，按照自己的想法来了，他就会暴怒。

我们经常说，好的关系就是让大家都可以坦然地做自己。但是，控制型的人是不允许别人有自己的想法的。他们经常或有意，或无意地贬低和自己想法不一致的人，认为别人的想法都太幼稚、太不成熟，只有自己才是唯一正确的。

和这样的人相处久了，你们之间就不再是平等独立的关系，而是依附与被依附、控制与被控制的关系。在这种关系中待久了，你会感到越来越压抑，甚至是窒息。因为你的自我意识被消灭了，你不再为自己而活，而只为对方存在。

如果你是一个很独立，想按照自己的意志活出自我的人，那么，最好对控制型的人敬而远之，他们再热情、再优秀也不是你的“菜”。

2. 制造内疚感的人

人无完人，生活中我们总会做错一些事情，影响别人，或者让别人失望。这个时候我们会感到内疚。

心理学家苏珊·福沃德认为，我们心中的内疚就像一个感应器，一旦接收到他人（或外界）发送的信号，就会在内心当中激发出内疚的感受。

有时候，这个信号是准确的，你确实搞砸了一些事情，这时的内疚是正常的。但也有一些时候，这个信号是不准确的，你其实并没有做错什么，但因为一些原因，你自认为做错了，于是感到内疚。苏珊把这种情况称为“错误内疚”。

有些人在和别人交往时，很善于用各种手段制造“错误内疚”，好让别人觉得亏欠了他。

“要不是因为你，我才不会受这份罪！”

“我现在这么辛苦，还不都是因为你？”

他们通常把自己包装成一个总是在付出，总是在牺牲的人。言外之意就是，你的快乐是建立在别人的痛苦基础上的，你的幸福是建立在别人牺牲的基础上的。人都有道德感，不想在情感上亏欠别人。所以，听到这样的话很容易感到内疚。

一旦你感到内疚了，就希望做些什么来弥补，就会对他们的要求言听计从，从而成为一个被操纵者。这两年，网络上热议的“PUA”，其中有一种手段就是用制造内疚来掌控他人。

因此，我们在与人相处时，尤其是感到内疚时，先别急着认定自己“有罪”。而是觉察一下，这样的内疚是真的错在自己，还是另有隐情？

一般来说，如果你和一个人在一起经常性地感到内疚，并且找不到自己明显的过错，那就意味着你很可能被“PUA”了。

3. 习惯性抱怨的人

抱怨人人都有，这没什么，但抱怨一旦成为习惯就会成为一个问题。

在微信群里，我们经常会发现这样一类人。他们经常会把自己遇到的一些问题或烦恼在群里分享，起初还有人出于好心去安慰，或给一些处理问题的建议。但时间久了就会发现，他们似乎并不真正地想去解决问题，而只是想吐槽和发牢骚，宣泄一下自己的不满情绪。

他们之所以一直抱怨，是因为不反思自己，而是简单地将问题归结到他人身上，认为都是别人的错，都是别人的责任。

爱抱怨的人通常没有伤害别人的主观动机，但客观上，他们无意识地把身边的人当成了自己的情绪垃圾桶，不管自己有什么负面情绪，都倾倒给那些热心倾听的人。

情绪是具有传染性的，当我们和一个幽默风趣的人在一起时，就能够感受到积极乐观的能量，并从中受益；而当我们和一个满腹牢骚的人在一起时，自己也会变得焦躁不安。我在很多女孩身上发现过这样一种现象，女孩的闺蜜和她男友吵架了，抱怨“男人没有一个好东西”，这个女孩也变得很激动，然后回头找自己的男友也大吵一架。

在某种意义上，吸收太多来自他人的负能量也是一种精神中毒。

内向者外冷内热，同理心强，面对别人的困难总是有一种想去拯救的冲动。面对爱抱怨的人，他们很难拒绝，于是很容易越陷越深，成为别人的情绪垃圾桶，给自己的心理和生活带来不利的影响。

别让无底线的信任毁了你的生活

关键词：信任强迫症 信任门槛

远离不合适的人，不与讨厌的人交往，看似很简单也很容易做到，但实际上并非如此。

对一些内向者来说，很多时候明知道对方可能有问题，或者这种交往让自己不舒服，但依然深陷其中难以摆脱。造成这种情况的原因是，在我们内心深处隐藏着一些核心信念，阻碍着我们去做出正确的决定。

对内向者来说，最常见的是这样一种信念：我应该信任别人。

人际关系中最美好的事，莫过于信任与被信任。信任，是促进亲密关系，升华人与人之间相互理解与认知的一个重要途径。

但是我们也发现这样一种现象，有些内向者非常认同信任的价值，同时把信任的能量提升到一种神圣的位置。心理学家阿尔伯特·艾利斯曾提到过一个概念：必须强迫症。它的含义是，在很多人的头脑中有一种应该式的陈述：

- 我应该做这个；
- 我应该信任别人。

拥有这种信念的人对世界、对他人有一套自己的想法和理念，符合这个理念的就是对的，就应该去做，哪怕会受到伤害；不符合的就是错的，绝对不能去做，哪怕这样可以保护自己。

很多内向者的内心是天真而纯粹的，所以更容易患上“信任强迫症”，即认为信任是人际交往中一种美好的品质，是对的，自己应该这样做，也必须这样做。即便因此而受到伤害，那也是别人的错，不是自己的问题。但是，如果自己不去信任他人的话，自己就是一个坏人，内心就会感到焦虑和不安，并因此感到痛苦。

内向者行为处事的方式，就是做自己认为对的事。至于这件对的事能不能给自己带来现实的好处，有时候并不重要。他们觉得信任他人是对的，那就要坚持，即便被辜负也要坚持。

仅从道德的角度说，这样的人是无可挑剔的好人，他们单纯、善良，令人敬佩。但从现实的角度说，一个人要想活出真正的自我，仅仅靠单纯和善良是不够的。单纯和善良是我们头脑中理想化的品质，可以去追求，但不能把它当成一种客观现实。

现实的世界是复杂的，这个世界里的人也是复杂的，我们接触外在的人和事时，一定要意识到这种复杂性。

在人际交往中，你与他人相处得怎么样，一方面取决于你怎样看待对方，另一方面也取决于对方如何看待你。你很善良，但对方是自私鬼，甚至是大坏蛋，那么你的善良和信任就会变成一把锋利的剑，可以很轻易地刺伤你。

所以，信任是一件好事，但在现实生活中，我们不能片面地认为自己要在所有的时刻信任所有的人。这样就不是单纯，而是幼稚了。

对内向者来说，在人际交往中，我们要设立自己的信任门槛。

人际关系中有一个很重要的原则：互惠。信任也是如此，你想让别人信任自己，就需要去做一些事情和举动，来证明你值得别人信任你。同样，当你看待与自己交往的人时，要不要信任对方，也需要对方去做一些事情，让你感受到这个人是可以信任的。

也就是说，赢得你的信任也是需要门槛的，是需要达到一定“条件”才可以的，并不是无条件的。这样，你和他人才能够真正建立起一种平等的、良性互动的关系。

信任是一件好事，我们应该珍惜它，而珍惜它的方式不是盲目地遵从它，而是让自己变得聪明起来。

就像齐天大圣孙悟空一样，你只有拥有了“火眼金睛”，能一眼看出周围的“妖魔鬼怪”，并将它们排除在外，你的信任，你的善良，才能换来好的结果。

成年人的分寸感，是一种点到为止的默契

关键词：心理边界　学会拒绝

建立自己的信任门槛后，还有一件事很重要，那就是守护好自己的心理边界。

心理边界这个概念由心理学家埃内斯特·哈曼特提出，它指的是人与人之间内心的自我界限。我们每个人都有一条看不见摸不着的心理边界，它将我们与外界区分开来，确保我们作为一个独立的个体，维护自己所需要的心理空间、自我意志、自我责任等。

心理治疗师内德拉·格洛佛·塔瓦布认为，好的边界意识

可以帮助一个人在人际关系中体验到安全与舒适的预期和需求。它不仅可以决定你在他人生活中扮演的角色，也可以决定他人在你生活中扮演的角色。

内向者对他人的生活兴趣不大，通常不会过多地侵入别人的边界，不会主动介入别人的生活。但在面对一些热情的、强势的，或者善于操纵他人的人时，往往很难守护好自己的边界。

内向者在与人交往时不会轻易喜欢一个人，但也不会轻易拒绝一个人。他们下意识中会用“能不能承受”来衡量一段关系。一个人即便某些方面让自己不舒服，但能承受，那就不会轻易远离或断绝关系。内向者“拉黑”一个人，往往是因为忍无可忍，实在无法承受才不得已而为之。

这样一种包容，往往会让别人更加不尊重你的边界。同事让你去做本应该他们去做的事情，你不好意思拒绝，那么别人就会觉得你好说话，时间长了，大家甚至会觉得让你帮他们做事是应该的。

人际交往的过程，不仅是一个相互了解的过程，也是一个相互试探个人边界的过程。

当我们与他人开始交往时，有一些人可能会做出不友好的举动，甚至是用言语挑衅你，你可能觉得莫名其妙，或者不可理喻。但这种不对劲背后是一种试探。有的人就是通过一些出格的言语或举动来试探你，试探你的底线和心理边界。

如果你没有拒绝，或者说你口头上拒绝了，但行为举止上是一种默认甚至接受，那么，对方就会觉得，你是不必去尊重的，你是可以去欺负的。所以，要想别人不伤害你，一定要在第一时间回绝对方：不仅是语言上的拒绝，更重要的是身体和行为上的拒绝。

总之，当你不想做一件事，当你不想与一个人交往时，直接拒绝是最好的处理方式。

适当的拒绝不是冷酷，更不是一种错误，而是在成人世界里生存的必备要素。这个世界不仅是有好的、友善的一面，也有很多残酷的、弱肉强食的一面。没有自我界限的意识，不懂拒绝的人，在善良的人面前或许会落下一个好的印象和评价，但在自私的、凶狠的人面前，得到的却是“这个人很软弱，可以欺负”的攻击性许可。

在现实生活中，越是容易妥协、不断退让的人，越是容易被一些坏人压榨和利用。所以，一个人要想在社会上生存，就要有说“不”的勇气和捍卫个人边界的能力，这会在关键的时候保护你避免受到一些不应有的伤害。

你需要非常认真地思考一下，两个人相处的时候，什么样的事情对你是不那么重要的，是可以妥协的，什么样的事情是对自己非常重要的，必须遵从自己的意愿的。明确了这些，你就可以通过反复的交流和沟通，让对方明白你的想法和意愿，然后坚持自己的边界和底线。

如果对方能够理解你，并能做出一些让步和妥协，那证明你在这段关系中可以找到自己的空间和做自己的自由，这样的关系还是可以挽救的。但如果你一旦坚持自己的想法，对方不仅不去反思，还用愤怒和指责等方法逼迫你改变自己的想法，完全不尊重你个人的想法和意志。在这样的情况下，或许最好的应对方法就是远离。

场景方案

场景 1：拒绝话术

生活中，我们都不喜欢拒绝别人，但很多时候不拒绝不行。令内向者比较头疼的是，即便鼓起勇气去拒绝，也不知道说什么话既能拒绝别人又不会伤感情。

这里，我们分享一些拒绝别人的话术：

1. 不好意思直接拒绝别人借钱，可以尝试“喧宾夺主”法，主动出击。

拒绝话术：我也想帮你，但最近手里比较紧，也没有钱，本来还准备过几天向你借钱呢。

2. 适当自谦，指出自己的能力不足以胜任。

拒绝话术：这个我真不行！/不行你问问××吧，真抱歉，我不会做啊！

3. 避免过度解释原因，以防对方利用你的愧疚心紧盯不放。

拒绝话术：我要去忙……这次没办法帮你了，不好意思哈！

4. 如果担心反射弧太慢，我们就尽量延后给答复。这样能给自己反应和思考的时间，也就能更从容地拒绝别人。

拒绝话术：现在有点忙，稍后回复你！/我想一想，等会和你说。

5. 不擅长拒绝，那我们就不明着拒绝。可以先肯定别人，再以委婉拒绝的方式提出自己的想法。

拒绝话术：可以教你，不过我现在比较忙，下午我忙完再帮你吧（对方如果着急就会找别人了）。

场景2：如何与讨厌的人相处

这个世界很复杂，不管你怎么回避，怎么尽力躲闪，总会有让自己讨厌的人出现。而且，有一些人不是你想躲开就能躲开的，所以，如何学会与讨厌的人相处，是一个终究需要去直面的问题。怎么去直面呢？这里分享三个方法。

1.方法一：做一个“恶人”

如果一个人欺负了你，最好的回应方式是什么？讲道理吗？并不是。讲道理是善良人对善良人，或者正常人对正常人的沟通模式。倘若对方不是一个讲道理的人，而想从你身上找支配的快感，这个时候，你稍微怂一点就会给对方一个信号：嗯，这个人可以欺负。

遇到这种情况，最好别太理性，多尊重一下你内心的声音，该反击就反击。

人都有不好的一面，当别人用不好的一面对你时，你也要拿出不好欺负的架势，以牙还牙，这样，才可能让对方尽快地冷静下来，然后开始和你讲讲道理。

生活中，如果你是一个脾气很好，很少和人发火的人，强烈建议你尝试一下这种处理方式。

它的操作方式很简单：

- 说话声音大一点，尤其是要比对方的声音大；
- 面目难看一点，让对方看起来越讨厌越好；
- 态度强硬一点，有一种拿出“别惹我，我也不好惹”的架势出来。

体验过之后，你会有一种浑身充满了力量的感觉。然后，你也会明白为什么有的人动不动就吵架，因为一旦吵赢就太解压，太爽了。

但是，如果你本来就是一个脾气不大好容易冲动的人，慎用这个方法。柔弱者的愤怒是一剂强心针，可以赋予自己勇气；但暴躁者的愤怒则是炸药包，很容易毁灭包括自己在内的整个世界。

2. 方法二：身心分离法

有一些情况，有一些人，是不太适合硬怼的。

比如你的老板无故冲你吹胡子瞪眼，或者你家亲戚问东问西，打听你的隐私。这种情况下做恶人不太合适，毕竟你们之间关系密切，还不到可以决裂的程度。讲道理也不太合适，很多时候你有你的道理，别人有别人的道理，当大家都有各自的道理时，拼的就不是道理本身哪个更过硬，而是其它一些东西。

- 职位：老板 + 道理 > 员工 + 道理
- 辈分：长辈 + 道理 > 晚辈 + 道理

这个时候，如果你觉得对方有时候很讨厌，心里默默抱怨两句即可，不宜表现出来。

另外，当对方正在对你“施暴”，在你面前唠唠叨叨说个没完的时候，可以学学孙悟空，将自己的肉身和灵魂分离。你可以想象自己身在美丽的海滩上，周围都是治愈的海浪声，还有海鸥的鸣叫声。你也可以想一两件之前遇到过的趣事，回味一下曾有过的美好时光。

总之，尽量让现实中难熬的时光在精神上不太难熬，那么，讨厌的人带给你的伤害值就有机会调到最小。

3. 方法三：提升自我法

生活中，面对不好相处的人，你会发现不同的人有不同的反应。有的人很受伤，觉得自己被深深地伤害了，会陷入那种难过无助的情绪中并且很长一段时间不能走出来。而有的人则是一副无所谓的样子，就像夏天被蚊子叮咬了几下一样，挠一挠就过去了。

反应之所以有这么大的不同，关键就在于内心的强大程度。内心强大的人，有两点做得比较好。

一是相信自己。准确来说，是相信自己没那么容易被伤害。在他们看来，周围的某个人再讨厌，那是他自己的事情，并不会对自己有实质性的影响。自己是一个成熟的，能抗事情的人，所以，讨厌就讨厌吧，不好相处就不好相处吧，反正这就是世界不可或缺的一部分，我只要做好自己就可以。

拥有这种心态的人，内心就像多了一层保护罩一样，可以坦然地面对生活中形形色色的人，而不会像肥皂泡一样，一碰就破碎。

二是他们很善于看到事情的另一面。有些人确实挺折磨人，但这种折磨并不是完全没有意义的。有一句话说得很好，生活就是一个不断受难的过程。有些人的存在，是让我们感受到生活的美好的；而有些人的存在，是用来考验我们、磨炼我们心理韧性的。经受过了这种考验，你的包容性才会更强，格局才会更大，眼界才会更远。这也是生活中，有些让我们不舒服的人和事的意义所在。

洞察了这些，那些痛苦感受才会转化成有利于我们内心成长的能量。

内向的人告白，句句不提爱你，句句都是爱你。

插画师：kelasco

07

安静，是一种独特的异性魅力

一个充满了钝感力的内向者，或许不是人群中最亮眼的，但绝对是最让人信赖和难以拒绝的。

我喜欢你，但我不敢爱你

关键词：隐藏情感

当你喜欢上一个人时，会怎么做呢？

外向者通常敢爱敢恨，喜欢一个人就会主动出击。他们要么假装“不经意”地出现在对方的视线里，制造各种偶遇和邂逅；要么干脆直抒胸臆，发起正面攻击。

而内向者正好相反。他们越喜欢一个人，越不敢靠近人家。我有一个大学同学，喜欢上了班里的一位女生。但他喜欢人家的方式，就是上课的时候偷偷看两眼，从不敢主动靠近。有时候在路上遇见，或者在图书馆的楼梯相逢，他都会紧张得说不出话来，匆匆一笑就落荒而逃。结果四年过去，女生连他名字都记不清楚。

这是很多内向者在感情中的一个典型特征：隐藏情感，不轻易表露自己的真实想法。喜欢一个人时，他们不会说喜欢。不喜欢一个人时，他们也不会说不喜欢；总之，一切都是不动声色的，就像大海里的暗流，内心深处或许已经汹涌澎湃，但表面上还是风平浪静。

这样的人，身心往往是撕裂、背离的。他们内心越向往的，外在的身体上可能会越抗拒。

- 内心：我好想啊！
- 身体：你不可以！
- 内心：我好喜欢这个人。
- 身体：你不可以表现出来。

结果就是，他们的身体像具有魔力的封印一样，牢牢地锁住了内心的冲动。于是在关系中，就出现了一个很奇特的现象：明明你很喜欢一个人，但就是不敢靠近。不但不靠近，甚至还朝着相反的方向逃离。

这样的人，就像爱情战场里的潜伏者。爱得越深，隐藏得也越深。

为什么在面对喜欢的人时，外向者和内向者有这么大的差别呢？从根源上说，因为他们在感情中的自我状态不同。

外向者更自我。他们说“我喜欢你”的时候，潜意识中暗含了这样一种排序：我喜欢 > 你喜欢。

也就是说，虽然我特别希望你喜欢我，但更重要的是我喜欢你。相对于你的感觉，我更在乎自己的感觉。所以，即便被拒绝，但只要自己还喜欢对方，他们就会锲而不舍继续追下去。

这样的排序再深挖一点就是：我 > 你。

“我比你更重要。”因为这样一种不易觉察的心理优势，他们才会在他人面前，可以毫无顾忌地表露自己的情感。

内向者则相反，在感情中，他们更在乎“你”。他们在反复思考一万遍后终于颤颤巍巍地说“我喜欢你”的时候，潜意识中也暗含了这样一种排序：你喜欢 > 我喜欢。

内向者认为：“相对于我的感受，我更在乎你对我的态度，如果你不喜欢我，那我所感受到的一切都是徒劳和没有意义的。”

这样的排序再深挖一点就是：你 > 我。

“你比我更重要，所以一旦你拒绝我，否定我，对我来说就可能是灾难性的，这个后果太严重，难以承受。”

一位内向的人，曾这样描述自己的感受：“一想到会被拒绝，还可能会被讨厌，我就不敢上前，真是怂得不能再怂。”

说到底，没有人会拒绝爱，但他们又真的很害怕，害怕自己喜欢的那个人，一点也不喜欢自己。所以，如果不能百分百地确定对方也对自己有好感，内向者很难表明自己的心意。

不要把你喜欢的人想得太好

关键词：积极错觉　冒充者综合征

美国心理学家罗伯特·布莱克说：“爱让人渴望，又让人恐惧。”这种纠结和冲突用在内向者身上格外贴切。而之所以如此，缘于他们在感情初期的两种心理倾向。

1.倾向一：把喜欢的人想得太好。

面对喜欢的人，内向者容易把对方想象得很完美，完美得像神一样高高在上，可望而不可即。

心理学上把这种倾向称之为积极错觉。心理学家罗兰·米勒认为，积极错觉就是对自己喜欢的人构建善意和大度的认知，突出他们的美德而缩小他们的缺陷。陷入这种错觉的人犹如戴上一副“玫瑰色眼镜”，只能看到对方身上好的、闪闪发光的一面，而看不到对方身上不好的、有瑕疵的一面。

在积极错觉的加持下，我们的头脑中会形成一个理想伴侣的形象。这个伴侣投射了很多我们对爱情的愿望和想象，比如颜值上的想象，性情上的想象，待人处事上的想象，才华上的想象，等等。我们把这些想象投射到喜欢的人身上，以为对方就是这个样子，集合了自己所有想要的美好。

越是让人痴迷的爱越是盲目的，因为我们爱上的不是真实的对方，而是被自己的愿望“美颜”后的对方。一旦“美颜”失效，爱情的大厦就很容易崩塌。

2. 倾向二：把自己想得太差

感情中，当我们把对方想得过于完美，甚至像“神”一样去仰望和膜拜时，下意识地就会贬低和否定自己。

“见了他，她变得很低、很低，低到尘埃里。”这句经典的话，也是对张爱玲在感情中自我状态最传神的描述。

内向者也如此，看喜欢的人，永远是光彩照人；看自己，永远是各种不满意。

内心的声音

“我觉得自己太不起眼了，别人都比我强。”

我曾经有一位来访者，她是一名在读研究生，而且是学校推免上的那种。身边的人都觉得她很优秀，但唯独她自己不觉得。她一直坚定地认为自己很糟糕：性格内向，有容貌焦虑，不会化妆，不够白，不够瘦。其实她本人长得很漂亮，男朋友也说她是一个大美女。但这位女生总觉得男友是在安慰自己，只是对自己的一种鼓励。有时候洗漱时看到镜子里的自己，她也会有一丝的雀跃，感觉自己长得还可以。但很快，当她看到学校里别的女生时，会觉得别人长得好好看，而自己太逊色了。这种习惯性的自我否定让她在感情中很崩溃，以至于无法好好享受美好的恋爱时光。

明明自己很好，但总觉得自己不够好；明明自己不差，但总觉得自己很差，这种自我认知上的反差在心理学上有一个概念，叫冒充者综合征，又称自我能力否定倾向，指的是一个人不管多优秀，总觉得这不是事实。他认为自己就像冒名顶替者一样在冒充优秀。他们总是有一种担心，一旦别人看到了“真实”的自己，就会大失所望，不再喜欢自己。

很多内向者在感情中，都有这种冒充者综合征心理。他们固执地认为自己不够好，或者“好的我”只是暂时的，瞬间即逝的，而“不好的我”才是永恒的。结果就是，越爱越自卑，越爱越不安。

要扭转这两种倾向不是一件容易的事情，但我们可以做如下尝试。

首先，不要把你喜欢的人想得太好。我们之所以觉得对方什么都好，是因为接触得比较少，不了解人家的方方面面。在这有限的接触中，又因为积极错觉只关注对方身上好的一面，所以就产生了别人总是比自己好的幻觉。这种幻觉很真实，但不是事实。

人与人之间的差别其实很小。如果你自己不完美，也应该想到，你喜欢的那个人也不完美。对方挺好，但你也不错，你们两个人在感情中是平等的。所以，你不必去仰视对方。

当然，道理容易想通，现实中真正做到往往很难。摆脱理想化视角的关键，还是在于勇敢地往前走一步，靠近对方，多和对方接触。

只有接触得多了，你才会发现之前不容易发现的一些细节。

- 真实的对方是什么样的？
- 对方有什么样的生活习惯？
- 对方有哪些让你抓狂的小癖好？

越靠近一个人，就越容易看见一个具体而真实的人。这个时候你会发现，原来他和自己一样，有一些优点，也有一些缺点，都是平平凡凡的人。这样的体验多了，你看待异性的时候，就会从“神话思维”走向“凡人思维”，结果就是：越来越多地拥有了平常心，走入真实的感情生活。

而一旦直面真实，我们的内心当中反而会有一种前所未有的轻松感。

你不期望对方完美，潜意识中也就不再要求自己完美。换句话说，你允许对方真实，也是在允许自己真实。这样的亲密关系，才是真正有生命力和活力的。

其次，不完美也很美。

很多内向者心中有一个“苛责的自我”。对别人很包容，别人怎么样都行；但对自己要求很严苛，不能够接纳自己身上的一些不足。

- 我不太爱说话，没有人会喜欢这样的人吧？
- 我身材不够好，别人看到后会嫌弃吧？
- 我不够幽默，相处起来一定很无趣吧！

这样想，其实是对人际间吸引力的误读。在关系中，并不是你越好，别人越会喜欢你；相反，有时候你有一些缺点，更容易让别人接纳你。

比如《西游记》里的猪八戒，好吃懒做，油嘴滑舌，甚至还有点好色，但在观众的心中，他却是师徒四人中最被喜欢的一个角色。

之所以喜欢，是因为人们觉得这样的人更真实一些。人与人之间的吸引力取决于很多因素，其中一个就是相似性。这个相似性有很多层面。

比如，你新认识一个人，这个人和你是老乡，这种地缘上的一致会增加彼此之间的好感。你会觉得，对方是自己人。比如你和一个人说了一个想法，对方说我也是这么想的，这种思想上的一致也会增加彼此之间的好感。你会觉得，对方是自己人。

同样，你知道自己不是完美的人，有各种各样的缺点，然后你发现对方和你一样，也是优点和缺点并存的人，这种人性底色上的一致也会增加彼此之间的好感。你会觉得，对方是自己人。相反，假如对方表现得很完美，看不到任何破绽，这反而会让你感到不安，内心不自觉地想与他保持一定的距离。

所以，真正懂生活的人在和别人交往的时候，不会把自己展现得过于完美，他们甚至会主动暴露几个自己身上的小瑕疵。

这看似是自己砸自己的招牌，其实是在向别人的潜意识传递“我们是自己人”这样一个信息，悄无声息间就拉近了彼此的心理距离。

总之，我们有时候需要重新审视自己的缺点和不足。客观地说，它们确实会带来一些问题，很多时候还会让我们痛苦，但这不代表它们是毫无价值的。它们也在用它们的方式守护着我们。就像电影《心灵捕手》里说的，每个人都是不完美的，我们身上都有很多小瑕疵，人们以为这是不好的东西，其实这些瑕疵才是好东西，它能决定让谁走进你的世界。

懂得了这一点，我们才会与自己和解，接纳自己的不足和不完美。然后你会发现，不完美也很美。

你比自己想象的要迷人

关键词：清晰稳定　倾听　真诚　内在性感

很多内向者总觉得自己没有什么魅力："我这么内向，谁会喜欢我呢？"

这些人之所以这样想，很大程度上来源于"第一眼"的挫败感。有的人，一眼就能让人喜欢。他们身上通常有这些特质：

- 热情：一见面就对你嘘寒问暖，像家人一样对你的人，不被打动也很难；
- 爱笑：爱笑的人身上有快乐的能量，让人看起来就舒服；
- 才华：不管是唱歌也好，舞蹈也好，有点才华的人总能让人眼前一亮。

这些特质有一个共同点，需要你主动地呈现出来，很自然地流露出来。对外向者，这很简单，但对一个安静的内向者来说，主动展现自己是一件有点困难的事情。

因为这种障碍，内向者在关系中多少会有点自卑，觉得自己没有吸引力，不行。其实，这是一种错觉。

你只是不容易被不熟悉的人很快地喜欢，而不是不被喜欢。

喜欢一个人是一件很复杂的事情。单就喜欢本身来说，就有很多种。

比如，有的喜欢来得很快，也很容易。一句甜言蜜语，一个小礼物，或一个不经意间的小举动，就会让我们对一个人产生好感，喜欢得不得了。但这种喜欢很不稳定。前一秒还满心欢喜，后一秒就可能因为其他什么原因而心生厌恶，好感荡然无存。

所以生活中我们经常会发现，那个最开始喜欢你的人，往往也是最容易疏远你的人。一见钟情这件事，听起来很浪漫，但多数时候就像烟花一样，刹那间的迷人之后就剩下呛人的硝烟。

这样的喜欢，可以偶尔点缀一个人的世界，但并不能带来稳稳的幸福。

还有一种喜欢来得很慢。这种喜欢前戏很长，刚开始的时候可能会有很多顾虑，相互之间也有很多的试探和观察，所以，最初的时候多是冷冷的，进入的不很顺利。但是，一旦磨合期过去了，这种关系又会是最深入的。

内向者不是没有魅力，而是不喜欢刻意地去展现自己的魅力。他们喜欢在日常的相处过程中，让别人一点一点地感受自己。或许第一眼看上去觉得没有什么，如清水一般寡淡，但在第一百眼过后，你会慢慢意识到这是一个心怀宝藏的人。这种经过时间淬炼的喜欢，更浓烈也更长久。

就像一位朋友说的："我发现自己非常容易被更加向内的人吸引，那种内在的自我和力量一旦展露，就让我觉得非常非常有魅力。”

那么，内向者身上有哪些独特的吸引力呢？

1. 情绪稳定：钝感力

我们经常说，感情中一定要选择一个对的人。那么，怎么才叫对的人？对的人身上应该具有哪些品质？心理学家泰·田代告诉我们了答案：

情绪稳定是重要的品质之一，但被低估了。简单来说，情绪稳定性就是一个人的情感调节能力。情绪稳定性低的人会更敏感和冲动，更容易体验到愤怒、焦虑、抑郁等消极的情绪。他们对外界刺激的反应比一般人强烈，对情绪的调节、应对能力比较差，经常处于一种不良的情绪状态下。相反，情绪稳定性高的人较少情绪化，对外界刺激的反应也比较平静。

有的人颜值不错，能力不错，各种外在的条件也都很优秀，但真正相处的时候却让人发现很不舒服，原因就是情绪化严重。他们经常因为别人一句话的语气不对，或者一件事不合自己的心意，就怒发冲冠，变得歇斯底里起来。

与情绪化太严重的人在一起，会考验你的神经。因为他们就像一个行走的炸药包一样，你不知道什么时候，他们会因为一件很小的事就爆发了，然后把事情搞得不可收拾。

心理学研究发现，长期和情绪不稳定的伴侣相处，不仅会让人焦虑、恐惧，还会让人的身体处于亚健康状态，诱发各种疾病。

内向者脾气温和，遇到事情通常能冷静应对，很少会无缘无故地发火，情绪稳定性比较高。有心理专家把这种稳定性称之为情绪钝感力。钝感力强的人看起来笨笨的，不太聪明的样子，但相处起来会让人感觉很舒服。

电影《阿甘正传》中，阿甘一度是别人眼中不聪明的人，受尽嘲讽和捉弄。但不管面对外界什么样的声音和眼光，他都是坦然面对，然后做好自己。凭借这样一种钝感力，阿甘赢得了很多人发自内心的尊重和喜欢。

亲密关系中也是如此。渡边淳一在《钝感力》一书中认为，相爱的男女最需要的就是钝感力，想要长期维护双方的良好关系，更需要有益的能够原谅对方的钝感。

所以，一个充满了钝感力的内向者，或许不是人群中最亮眼的，但绝对是最让人信赖和难以拒绝的。

2. 善于倾听：同理心

哲学家保罗·蒂利希说："爱的首要义务就是倾听。"人们经常有的刻板印象是，一个人越是善于表达，口才越好，在交往中越有魅力和吸引力。但其实，这样做，只是让你自己显得更好。要真正打动一个人，并不是"我站在你面前，我感觉很好"，而是"我站在你面前，让你感觉你很好"。

要做到这一点，关键的不是表达，而是倾听。正如拉尔夫·尼科尔斯所言："人类最基本的需求就是理解和被理解，理解他人最好的方式就是去倾听。"现在的社会很浮躁，大多数的人都急着表达自己，展现自己，而不愿意听别人说。内向者经常为自己的不善表达而耿耿于怀，而忘记了自己在沟通过程中其实是一个很好的倾听者。

有时候，你根本不需要去想话题，不需要绞尽脑汁去思考该说什么，你只需要注视着对方的眼神，安静地倾听对方慢慢地把话说完，就能让对方感到很舒服。原因很简单，表达者最需要的，不是另一个和自己抢话语权的表达者，而是一个听众，好让自己把心里的话痛痛快快地倾诉出来。当一个人发现有人在很认真地听自己说话时，是感到最满足，也最幸福的时候。

所以，倾听看似很被动，但其实是一个能给你的魅力加分的宝贵特质。对内向的人来说，如果想让自己的倾听更有魅力一点，可以尝试带着同理心去听。

同理心是近些年很热门的一个心理学概念，指的是一个人在与他人相处时，能用对方的观点设身处地地思考他的处境，然后体验他的感受。它有两层意思：一是换位思考，理解对方的立场，不轻易地否定对方；二是感同身受，就是理解别人的感受。

所以我们在听的时候，一方面要听懂对方在表达什么，他的立场和有这种立场的原因是什么；另一方面更重要的，是听懂对方内心的感受。这点特别重要，因为只有当对方发现你能懂他的感受时，你们才能形成一种情感上交流和链接，这是拉近彼此关系最关键的一点。

总之，在人际交往的过程中，善于表达是一种能力，善于倾听也是一种独特的魅力。内向者如果能够清晰自己的定位，做一个树洞式的伙伴，就可以扬长避短，成为你喜欢的人心目中不可或缺的存在。

3. 待人真诚：最高级的情商

人的身上有很多种美好的品质，有的在初见的一刹那很耀眼，而有的则像老酒一样，交往得越久，越能够感受到它的珍贵。真诚就是后者。

内向的人沉默寡言，远远地看有些冷，但近距离接触后你会发现，他们其实很好相处，为人很真诚。我是什么，就展现出什么，不吹嘘自己，不用花言巧语营造虚假的人设。我能做到什么，再承诺什么，不会偷奸耍滑，而是表里如一。

人人都喜欢真诚的人，因为和这样的人相处时很轻松，不用设防。面对一个真诚的人，你可以放心卸下自己的各种人格面具，各种防御心态，用同样真实，同样放松的心态与之相处。

这样的相处状态，是所有人都向往的，甚至是求而不得的。

我们重视情商，很多人把情商和口才等同起来，认为一个人说话得体、周到、应变能力强就是高情商。其实，真正的高情商并不是表面的口才，而是一种人身上的美好品质在关系中的自然呈现。

电影《触不可及》中有一句台词：“其实很多时候，你并不需要做什么，真诚即可。”

对内向的人来说，你可以不爱说话，但一定要守护好自己的真诚。人们会轻而易举忘记一个喧闹的人，但很难忘记一个真诚的人。

4. 内在性感：有趣的灵魂万里挑一

我有一位朋友，她选择恋人的时候，不看脸，不看房子、车子，不看家庭背景，而只看才华。在她看来，才华是一个人身上最迷人，最性感的特质。

感情中，有的人是颜值控，认为颜值即正义，美就是最好的。但也有的人，更看重内在，好看的皮囊千篇一律，有趣的灵魂万里挑一。

内向的人或许不是第一眼就牢牢抓住别人眼球的人，但相处过一段时间以后人们就会发现，内向者简直就是一座隐藏的宝藏，交往得越久他给人的惊喜越多。

比如，内向的人平时安静沉默，很少表达自己的想法，但这不代表他们没有自己的想法。相反在很多事情上，内向者都有自己独立而深刻的思考。人们在和内向者相处的时候，经常发现这样一种现象：内向者要么不说话，要么就一鸣惊人，金句频出，让人刮目相看。

再比如，内向的人具有创造性思维。我们之前提到过，内向者身上具有强烈的非现实性。他们要么活在对过去的回味中，要么活在对未来的想象中，很少是活在当下的。

一方面，这会限制他们，比如解决现实问题的能力比较弱，有时候过于天真，不切实际，等等。另一方面，这种非现实性，会让他们不受现实的羁绊，看问题的时候更有想象力。

现实生活中，很多赫赫有名的人就是这样，他们身上有很多气质与现实是格格不入的，但在他们的专业领域内，他们又是极富才华的。

由此可见，内向的人不是没有魅力，只不过他们总是隐藏自己，不轻易展现自己身上的光芒。只有遇到同频的人时，他们才会撤下外在防御的盔甲，展现出自己与众不同的一面。

不管别人觉得你好不好，都先把自己变好

关键词：无为而治 “迷之自信”

内向者被动，不会主动表现自己，不懂得感情中的种种套路，在这种情况下怎样才能遇到真爱呢？

其实方法也很简单，就是无为而治，做最好的自己。什么意思呢？

就是你不需要看人家外向者是怎么做的，也不需要刻意地去模仿，去改变自己。你不用逼着自己改变性格，只要顺其自然，按照你自己舒服的状态去和异性交往就好。

这样做的一种结果是：那个命中注定的人会自然来到你身边。

这听起来很玄妙，甚至有一点宿命论的味道，但其实是有着一定科学的合理性的。它背后的逻辑在于：每一个人都是独特的，他的外貌，他的一言一行，他的气质都有很多闪光点，这些闪光点或许你自己不觉得有什么，但对一些特定的人来说，就本能地觉得这个人有魅力，然后被他吸引。

比如，因为互补性，内向性格的人很容易吸引到那些外向性格的人。

如果你是一个内向性格的女孩，那么一个外向性格的男孩见到你，就很容易对你产生好感；如果你是一个内向性格的男孩，那么一个外向性格的女孩见到你，就很容易对你产生好感。

这样的例子在生活中很多。我有一个心理咨询师朋友，她是外向性格的女士，在有一次聊到情感话题时，她就说自己的老公是一个性格内向的人。他们刚认识的时候，对方就表现得很腼腆，话也很少，但越是这样，她越觉得有吸引力，想靠近对方，最后走到了一起。

在名人当中，我们也能看到很多夫妻就是这种性格搭配。一个很内向而另一个很外向，很多人都不看好他们，觉得他们性格差别太大，在一起不长久，但现在我们看到，几十年过去了，人家的感情依然很幸福。

我们常说，异性相吸。当然，这个性指的是性别，其实如果用来指性格，也能说得通。不同性格的人在一起，因为有很多不同，彼此看对方的时候就会充满神秘感，反而会激发出好奇心和探索欲，这些都会增加彼此的吸引力。

所以，内向的人不要觉得自己不爱说话，不会主动表达自己就是一件坏事。有时候，你所排斥的，可能恰恰是别人喜欢的。只要你能够舒服地做自己，做出自信来，你自身的气质就有可能把适合你的人吸引到你身边。

当然，有些内向的人头脑中有一种执念：我这么普通，身上还有这样或那样的问题，在喜欢的人面前没有办法自信起来。其实，普通和自信并不冲突，问题和自信也不冲突。

一个人在他人眼中有没有魅力，不是源于“9 个优点 +1 个不重要的缺点”，而是源于“1 个足以短时间‘亮瞎’人眼的优点”。换句话说，哪怕你身上只有 1 个闪光点，一旦遇到一个就在乎这个闪光点的人，你在对方心中就很可能是闪闪发光的存在。

所以，人际交往中别再总是苛责自己，挑自己的毛病了。你是很普通，事实上每一个人也都很普通，重要的是，你能不能把自己不普通的一面（哪怕只有一面）呈现出来，然后为自己的这一点而自豪。

你先对自己“迷之自信”，然后别人在你的这种“迷之自信”的感染下，对你产生“迷之相信”。

这样，你才会有更大的概率吸引到喜欢的人。

场景方案

让你喜欢的人快速爱上你的小技巧

内向的人不会甜言蜜语，不会土味情话，面对一个很喜欢的人时，怎么做才能让人家对自己产生好感呢？

嘴巴不够甜没关系，我们可以尝试一些非言语的方法。有一个方法是，要想征服一个人的心，先要征服其身体。当然，别想歪了，所谓征服身体，指的是让对方心跳加快。

心理学上有一个很著名的效应——吊桥效应。简单来说就是，当一对男女走过一个摇摇晃晃的吊桥时，彼此之间的好感会得到很大提升。

原因是，因为吊桥的摇晃，人走在上面的时候会心率上升、心跳加快，这时如果身边有异性的话，我们潜意识中会将这种心跳加速误以为是恋爱带来的心动，从而产生“我喜欢这个人”的错觉。

明白了这个道理，你就会想通生活当中的很多事。比如为什么谈恋爱的时候，情侣特别喜欢去游乐场，喜欢去爬山，还有这两年兴起的密室逃脱活动，等等，背后的逻辑是一样的，就是这些活动很刺激，体验的过程中会让人心跳加速，从而不知不觉间将身体上的心动转换成心理上的心动，增进彼此之间的感情。

每个人都是不完美的，

正是你身上的小瑕疵才能决定让谁走进你的世界。

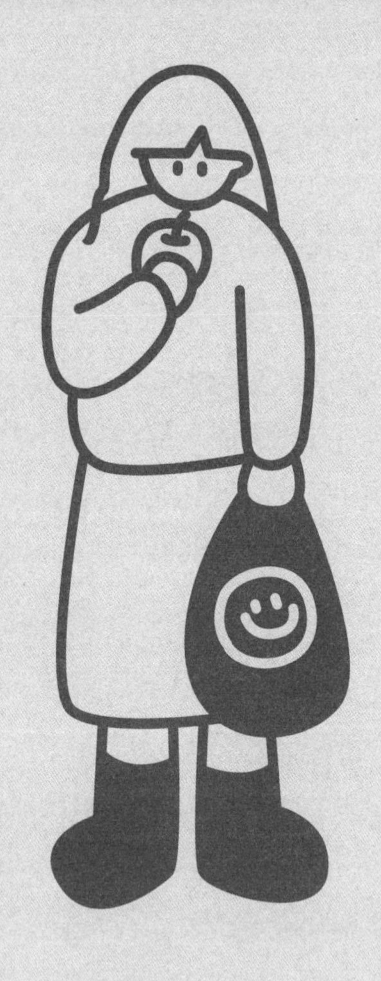

插画师：kelasco

08

长久的感情，是陪伴出来的

感情中每一个人都是“盲人”，一点一点摸索着生活这头大象。

哪有那么多人生如初见，最难得是多年后仍相看两不厌

关键词：刺激－价值观－角色理论

我有一个来访者，曾问过这样一个问题："我好爱自己的老公，可在一起的时候我们总是吵架，互相折磨，怎么办？"

这是感情中困扰很多人的一个痛点问题，明明心里很确定对方就是那个对的人，但是相处的过程又让自己的这种确定感时不时地产生动摇。

相爱容易相守很难，确实如此。

相爱就像看一部电影，在短短 2 个小时左右的时间里，我

们可以凭借着被激发出来的冲动，沉浸在一种浓浓的情绪和感受中，体味着人生的跌宕起伏与酸甜苦辣。但是相守就像是看一部长篇的连续剧，在时间的稀释作用下，再强烈的感觉也会慢慢变淡。在这个过程中我们也慢慢地看到很多以往忽略的东西，并因此一点一点地改变对彼此的看法。

心理学关于亲密关系的研究，也证明了这一点。按照伯纳德·默斯坦的刺激–价值观–角色理论，当伴侣刚开始接触的时候，彼此的吸引力主要建立在“刺激”信息的基础上，包括年龄、长相、财富、是否主动、风趣等特征。关系稳定后会逐渐进入“价值观”阶段，这时两个人对生活中重要的或者经常经历的事情的看法、态度是否相同等这些条件就会看得越来越重要。

如果说爱之初人们容易忘我的话，那么进入到平淡的“长相守”阶段以后，彼此都会重新找回自我，并越来越注重自我的存在感。

这个阶段，人们更关注日常相处时的感受，以及那些好的感受的可持续性。

这就像买衣服一样，买的时候你更在意它好不好看，但一旦买回去之后，决定你的评价和满意度的，则是穿起来是否舒服，以及能穿多久等另外一些层面的感受了。

这时的相处，是最考验人的。对内向的人来说，在亲密关系的相处过程中，需要注意哪些问题呢？接下来我们就详细探讨一下这个问题。

越是相爱的人越容易吵架

关键词：差异　心理现实

亲密关系中的两个人，遇到的第一个挑战是彼此之间的差异。

内心的声音

“生活在一起后，才发现
我俩之间的差异那么大。”

来访者姗姗遇到一件烦心事。她和男友在一起一年多了。男友对她确实很好，生活上对她细致入微非常上心，但是相处的过程中也有很多问题。

在姗姗看来，他们的生活习惯非常不协调。家务上很多轻易可以做好的小事，比如随手关灯，用完的东西放回原来的地方，男友都做不到。因为生活习惯的问题姗姗和男友心平气和的沟通过起码十次，真的都说到累了，说到她自己都嫌烦了，男友却没有改，甚至连在改的迹象都没有。不仅如此，男友还觉得这些事情很琐碎，总是为这些事吵架是小题大做。这让姗姗感到非常伤心，开始思考两个人是不是真的合适。

类似这样的问题在生活中还有很多很多。两个人只有真正生活在一起了，才会惊讶地发现彼此的差异竟然如此之大，大到就像两个完全不同的物种。

比如一个喜欢热闹，另一个则喜欢安静；一个做事很认真，总是一丝不苟，另一个则是个“神经大条”的人，想一出是一出；一个多愁善感，浪漫爱幻想，另一个则理性得像一个机器人；一个是直性子，习惯了有话直说，另一个什么事都放在心里，动不动就冷战，等等。

面对差异，很多人的第一反应是分出对错。我们会从自我的角度出发，认为自己是对的，对方是错的，所以对方需要改变，必须改变。但多数情况下，对方要么直接拒绝，要么阳奉阴违。嘴上说着“知道了、知道了”，行为上我行我素依然故我。

为什么会这样？问题出在什么地方？

问题的关键在于，有时候有些对错是比较明显的，容易分辨；但很多时候，事情的是非对错是很难分清楚的。

心理学认为，一个人对世界的体验最终形成的是一种心理现实。也就是说，客观上世界是什么样是一回事，但人们内心感受到的世界是什么样则是另外一回事。这种心理现实和客观现实之间，总是存在着不小的差异。我们都拥有同一个客观现实，但每个人体验到的却是千差万别的心理现实。

当我们认为自己正确的时候，这种感觉上的正确是建立在自己生活体验的基础上的。而当我们认为别人错误的时候，这种感觉上的所谓错误也是基于自己的生活体验，而不是别人的生活体验。我们都听过盲人摸象的故事，从某种意义上说，感情中每一个人都是“盲人”，一点一点摸索着生活这头大象，然后把自己触摸到的那一点当成唯一的事实，轻易地去否定别人。

内向者习惯活在自我的小世界里，对他人，包括亲密关系中的爱人有时候缺乏足够的了解和观察，在面对生活中的种种差异时也会感到不理解，然后失望和痛苦。

怎么解决这个问题呢？

首先，多一点了解，少一点评判。如果对方有些言行举止和我们不一样，或者看不惯，先别急着去评判，别急于认定对方错了。我们需要先去了解一下行为背后的成因。比如，把“对方为什么不改变”这个问题，换成“他为什么习惯如此，他到底经历了什么”。

一个人就是一段历史，是这个人过去的所有经历塑造成了他当下的样子。许多我们看不惯的行为背后，很可能隐藏着我们所不曾看过的某种经历，而一旦了解，反而会多一些释然和包容。有句话说：“因为懂得，所以慈悲。”就是这个道理。

其次，不是所有的问题我们都有能力解决，也不是所有的问题都需要去解决。

美国的一位心理学家在长达40年的婚姻问题的研究中得出一个结论：婚姻中绝大部分的问题是无法解决的。除了那些涉及原则和底线的问题，学会与问题共处，带着问题一起生活，也是维持好婚姻的一种重要能力。

差异也是如此。亲密关系中的两个人来自不同的原生家庭，有着不同的成长经历，因此在很多事情上必然会有不同的想法和做法。比如有的人周末喜欢宅在家，看看书，追追剧，阳台上晒晒太阳。而有的人则喜欢出去逛街，和朋友聚会，或者参加一些热闹的活动，觉得这样才有意思。

毫不夸张地说，在生活中的所有事情上，两个人都可能会有不同的想法，从而产生分歧。如果生活中每一个不同、差异和问题，都需要去处理，去纠正的话，那生活就永远没有了安宁。

心理学家巴里·施瓦茨说过这样一句话："我相信只有学会

对真正重要的事情做出恰当的选择，同时卸下为那些无关紧要的事情做选择的担子，才能获得最大限度的自由。”简单来说就是，不要把精力浪费在不重要的问题上。

尤其是情侣之间、夫妻之间，面对对方身上的一些小毛病，小问题，学会糊涂一点反而是一种更好的处理方式。这不是在回避问题，而是一种能分清主次，做恰当取舍的智慧。宽容不是一味地忍让，而是懂得取舍之道的选择智慧。

前一段时间，比尔·盖茨离婚时，说两个人之所以分开，是因为不能一起成长了。这句话背后的潜台词是：“我们不愿再包容彼此了。”

包容是亲密关系最后的底线，它的质量好不好，决定了一段关系在压力下是能够兜底，还是最终破防。

最后，我们需要提醒自己，生活的最终目的不是去解决所谓的问题，而是去追求快乐。

一个人回到家中，最想要的就是按照自己习惯的状态去生活，做自己，这样才会感到舒服和自在。而改变自己，尤其是自己多年养成的习惯是一件很难、很痛苦的事情。刚才的案例中，姗姗的男友之所以对她的话无动于衷，有时候不是不想，而是真的做不到。或许你说的有道理，你的习惯更好一些。但每一种生活习惯都是有强大的惯性的，有时候就像戒烟一样，不是说改就能改的。

真正好的感情，不是改造对方，消除对方身上的问题，而是求同存异。

一种习惯，即便我觉得很好，但如果你觉得不舒服，那我也会尊重你的感受，允许你按照自己喜欢的方式去生活。

这样的相处方式，才会积蓄爱，而不是消耗爱。

大多数情感内耗都是由于期待过高

关键词：透明度错觉　偏爱

感情中，我们对一个人失望，有时候不是因为他做了什么不好的事情，而是对方没有按照我们期望的那种方式对待自己，没有达到自己的期待。

对内向的人来说，对伴侣最大的期待是希望对方懂自己。

内心的声音

“难道是我期待太高？他总是让我很失望。”

娟子总觉得老公不懂自己。她身体不舒服，或者心情不好的时候，就会一个人坐在沙发上不说话。有时候，老公会看到她情绪不好，过来问一下情况，聊一下心里的想法。有时候老公因为忙于自己的事情，会忽视她。当娟子发现老公迟迟不来安慰自己时，就会很生气，甚至摔东西表示不满。

因为这样的问题，两个人吵过很多次。老公觉得她太“作”，不理解她为什么不能有事直接说。她觉得老公不在乎自己，如果在乎的话就应该第一时间发现自己的不对劲，自觉地理解她的意图。

娟子的这种心态在心理学上有一个概念，叫透明度错觉。意思是人们会误以为彼此之间是透明的，从而高估他人对自己内心想法和感受的了解程度，放在亲密关系中就是：爱我就应该知道我在想什么。我只需要一个眼神，你就应该秒懂。

爱人之间心有灵犀，这种现象不新鲜。但如果觉得两个人时时刻刻都能达到这种默契，就是一种脱离现实的、过高的期待了。

高期待不合理，但越亲密的关系中，这种高期待越泛滥。因为，高期待的背后是高浓度的爱。

小说《挪威的森林》里，对“爱”有这样一段描述：

> “比方说，我现在对你说想吃酥饼，你就什么也不顾地跑去买，气喘吁吁地跑回来递给我，说：‘喏，绿子，这就是酥饼。’可我却说：‘我又懒得吃这玩意儿了！’说着，‘呼’的一声从窗口扔出。这就是我所追求的。”
>
> “这和爱似乎不大相干啊！”我不无愕然地说。
>
> “相干！你不知道罢了，”绿子说，“对女孩儿来说，这东西有时非常非常珍贵。”

这样的爱情观看起来很“作”，很无理取闹，但也揭示了人们内心深处对爱的定义：爱的本质就是偏爱。

其实我也知道自己的一些要求很过分，但如果连这样过分的要求你都能满足，那就证明了一件事：我在你心中是独一无二的。这种被包容被偏爱的感觉，才是我们在亲密关系中最想要的。

感情中，高期待就像高浓度的酒一样，味道虽好，但不能贪杯。

心理学家认为，当你对一个人释放高期待的信号时，无论你是使用指责怒骂的方式，还是用好好说话的方式，他都会感受到压力，有时候会无法承受。于是，他要么会拒绝、反抗，要么会像鸵鸟一样沉默、逃避。

生活中我们经常会看到这样的情形，有些夫妻在相处时，一方总是追着对方不停地提要求，没有被满足时就不停地指责和抱怨，而另一方则不停地逃避，或者像一面沉默冰冷的墙壁一样，通过拒绝回应的方式来回应对方。时间久了，就形成了“追逐–逃避”沟通模式。

“追逐–逃避”沟通模式对两个人的感情伤害极大。这种互动积累到一定程度后，两个人的感情就会陷入“僵尸”情感中，名义上在一起，爱意却早已被掏空。这两年大家热议的丧偶式婚姻，就是如此。

既然期待会带来这些问题，那么不期待会不会就没有这些问题？

确实会好一些。但是，如果完全没有期待的话，又会带来新的问题。

在一次团体活动中，有位成员说她正努力让自己变成一个对他人没有期待的人，别人想做什么都可以，不提意见，不提要求，但又觉得这样的自己内心少了对人的一种热情，多了一些冷漠。

这就是问题所在：期待太高，对彼此都是一种折磨；但没有了期待，热情又会消失，两个人又会从亲密爱人变成冷冰冰的“室友”。

要解决这个问题，重要的是在期待和现实之间找到一种平衡。

一方面，我们要对对方保持一定程度的高期待，高期待是爱的副产品，这很合理。虽然这会让人痛苦，但在某种意义上，痛也是爱的基石。爱情本身就是折磨人的东西。

另一方面，我们又要接纳对方的平凡和力有不逮。当对方达不到自己的期待时，提醒自己，人家和自己一样，也是一个普通人，不是一个无所不能的八爪鱼。然后对对方多一些体谅，就像我们体谅自己时那样。

倘若在心态上能做到这一点，或许你们的感情依然不完美，依然时不时地折磨你一下，但你们的关系一定会走得更扎实、更长久。

少反思自己敏感，多想想是谁在背后逼你发疯

关键词：被动攻击　冷暴力

弗洛伊德的精神分析理论认为，人都是有攻击性的。只不过，不同的人有不同的表达方式。

有的人表达攻击的方式是直来直去，心里有了不痛快就会立马发泄出来，如狂风暴雨一般来得快去得也快。这种表达攻击性的方式叫主动攻击。习惯主动攻击的人冲动、易怒，脾气火暴。

冲动是“魔鬼”，内向者不喜欢这个“魔鬼”。就像我们之前说过的，内向者敏感，同理心强，尤其是在亲密关系中，他

们会很在意伴侣的感受，不愿意因为自己的言语而伤害到对方。表现出来，就是脾气好，情绪一直很稳定。

但生活中总有矛盾，再相爱的两个人在相处过程中也会有不和谐的时候，这样的负能量一旦产生，就需要去排解。而当发脾气这个最直接的渠道被堵住后，我们的情绪就可能会通过其它的方式表达出来。

1. 被动攻击

我有一位朋友，他陪女朋友逛街的时候，每当女友试了一件衣服或鞋子，询问他的意见时，他最喜欢说的一句话是："挺好的，你自己定吧！"女友每次听到他这么说的时候，内心都会感到不快，但是从男友的话里又找不出什么毛病，何况人家的态度还挺好，发作的话显得自己反而有些无理取闹了。

严格来说，这其实也是一种被动攻击。在男友的内心里，其实挺不喜欢陪女友逛街买东西，但是不陪的话又说不过去，于是表面上是顺从的。但是，因为心不在这里，所以不管女友在逛街的时候做什么事，看上什么衣服，他都是没有兴趣去参与的。

“挺好的，你自己定吧。”这句话表面上是尊重女友自己的想法，实际上真正想表达的意思是，我对你现在做的事情一点也不感兴趣，所以我不想参与进来。表面是尊重，实际上是抗拒。

所以，很多女人总是觉得带自己的另一半逛街太没有意思，其实她们的另一半就是用这样的方式让她们觉得没有意思，这样以后就有可能不带他们逛街，而他们就解放了。

当然，这些是生活中很琐碎细微的小事，即使有伤害也只是“毛细血管式”的伤害，并不严重，顶多就是偶尔拿出来吐个槽而已。但是，还有一些被动攻击就需要重视起来了。

2. 冷战

冷战又叫冷暴力，它的特征是没有语言和情感上的沟通，对对方的一切持一种漠不关心的态度，尽可能地将双方的互动降低到最低限度。双方就像隐形人一样，明明就在你眼前，但是却感觉不到对方的存在。

法国著名的精神分析师玛丽·弗朗斯·伊里戈扬博士在

《冷暴力》一书中，将之称为“隐而不现却真实存在的暴力”。从动机来说，绝大多数人的冷战，并不是一种主动的寻求，而是一种被动的选择。

他们最初的想法更多的是收起自己的攻击性，“我惹不起你，总躲得起吧”。于是，就闭上嘴巴，要么躲到自己的房间里，跑到外面没人的地方，眼不见心不烦；要么把对方定义为透明的隐形人，看见也当没看见。

人都是关系的动物，关系的最大价值就在于情感连接。而冷战的人，通过不理不睬，完全忽视这种方式，切断了这种连接，让你不断体验到一种被拒绝、被抛弃的感受。这样的情感剥夺，是一种更为严重的精神折磨，所以，那些直性子的人最忍受不了的，或者说最恐惧的，就是冷战。经历过冷战的人会发现，如果吵架是伤心的话，那么冷战就是诛心了。被动攻击还有一种形式是逃避责任。

内心的声音

> “我感觉自己受到了冷暴力，
> 他一直在躲着我。”

有一位姑娘，她和男友相恋了很多年。突然有一天男友从她的生活中消失了。电话打不通，微信留言也不回，去他公司问，公司说他已经离职。整个人就像人间蒸发一样“蒸发”掉了。

后来，她收到男友的一条短信。男友的解释是父母反对他们在一起，他无法说服家人，又觉得不能面对女友，于是只好离开，去另一个城市开始新的生活，希望她能够忘记自己。

这位姑娘很伤心，但又恨不起男友，因为她也知道男友的家人确实不太喜欢自己，可能男友承受不了这样的压力才不得已出走的。于是，她在很长一段时间里都陷入这样一种矛盾的心态中：一方面不能接受男友对自己的抛弃，另一方面又觉得不能全怪他，更主要是他家人的反对。

直到有一天，她从一位朋友那里偶然得知，他的男友和另一位女孩就要结婚了，而且他之前突然消失，就是因为早就喜欢上了那个女孩，但是又不敢说出真相，所以才用人间蒸发的方式来逃避自己本应该受到的责备。

这就是一种严重的被动攻击，明明已经不喜欢对方，还不敢表明自己的真实想法，最后用一种极端的方式来逃避自己的责任，结果对自己的爱人造成了更大的伤害。

感情中，有两件事是藏不住的：一个是爱，喜欢一个人时，你不说别人也能感受到。另一个是伤害，当你很生气，心中有很多不满时，即便躲起来别人也能感受到你的攻击性。

换句话说，亲密关系中的两个人是很容易看透彼此的。你内心的真实感受是怎样的，对方很容易就能感受到。你说我心里对你不满意，但不表现出来，甚至连一个恶狠狠的表情都没有，是不是就没有攻击性了？

并不是会叫的老虎会伤人，不会叫的老虎同样也会伤人。被动攻击也是一种攻击，只不过它攻击别人的方式不是抱怨，不是刀子嘴，不是家庭暴力，而是更隐蔽的精神伤害。

如果你想让自己的亲密关系更健康，感情更长久，可以做些什么来避免这些问题呢？

首先，重新看待感情中的伤害。伤害是一种痛苦的体验，让人不由得想回避。但实际上，伤害又是避免不了的事情。两个人的经历不同，看待问题的角度不同，做事的方式不同，行为习惯不同，这些不一致都会带来矛盾。很多时候。一些矛盾还会演变成冲突。

当冲突不可避免时，直面它，允许它发生也不失为一种应对方式。该吵的架还是要吵的，吵架有时候也是一种排毒，让彼此意识到问题的存在，然后花时间和精力去解决它。或者即便解决不了，也能够对它多一点理解。

爱是一件痛并快乐的事情。这个痛，就来自两人相处时的种种伤害。所以，从某种意义上说，伤害也是伴随任何一段感情始终的。

理解了这一点，你就会明白：生气，不满，内心有愤怒的小火苗，这些攻击性在感情中也是一种正常的存在，没有必要把它当成洪水猛兽。

你可以适当地控制一下，别让怒火升级成无法扑灭的三昧真火，但也别一味地回避，以为捂住自己的眼睛，假装问题不存在，问题就真的会懂事地消失。好的感情不是不吵架，而是能禁得住吵架的考验。懂得了这个道理，我们对冷战的执着才会得到一定的化解。

其次，保持坦诚。这里的坦诚有两层含义。一是坦诚地表达自己的感受。生气的时候说不出话没关系，生气的时候一时走开也没关系。

但是等气消了，或者负面情绪没那么强的时候，还是要找对方聊一下，说一下你是怎么想的，为什么生气，等等。同时也听听对方的想法和感受。这样一种坦诚的交流，有利于双方相互了解，同时消除一些不必要的误解。

另外，我们也要学会坦诚地表达自己的感情。爱，就大大方方地表达自己的爱意。不爱了，也要勇敢地说不爱。一味地回避问题，不仅不能减少伤害，还有可能让问题变得更复杂，从而带来更多的伤害。所以，坦诚地告诉对方自己真实的感情，保持真诚，不管对经营感情，还是放下一段感情，都是最好的处理方式。

场景方案

场景1：期待太高是慢性毒药

感情中，期待太高是慢性毒药，会让我们对自己的伴侣越来越不满，越来越失望。但高期待又像是长在我们基因里的荒草，稍不注意就会疯长。怎么做才能克制自己对伴侣的不合理期待呢？

有一个办法是，建立自己的情感账户。情感账户的意思是，当两个人相处的时候，两个人之间就有了一个情感的账户。每一次你为对方付出，做了一些事情让对方开心和快乐，就是在这个账户里存款；相反，每次你从对方身上获取一些东西，或者伤害对方，就是在这个账户里取款。

当存款和取款的数量相当时，这个情感账户就是平稳的；如果存款大于取款，情感账户就是优质的；相反如果取款大于存款，则会导致情感账户的亏空。

当我们对伴侣怀有某一种强烈的期待时，就是在从两个人的情感账户里取款。这个时候，记得问一问自己：我为对方做了哪一件特别的事情，以配得上对对方有这样的要求和期望？

当我们这样觉察自己的时候，内心的失望和不满情绪就可能被控制。因为你会发现，很多时候你的要求并不是那么心安理得。

一位导演在谈到家庭关系时，曾说过这样一段话："我做了父亲，做了人家的先生，并不代表说，我就很自然地可以得到他们尊敬。我每天还是要来赚他们的尊敬，我要达到某一个标准。"

当我们可以做到这样理性而客观地看待问题时，亲密关系经营起来就会容易很多，也轻松很多。

场景 2：沟通 = 争吵

我们常说，关系中沟通很重要，但现实生活中却发现沟通是最难的。两个人聊着聊着就容易擦枪走火，从最开始的心平气和到最后的剑拔弩张，不欢而散。十次沟通九次争吵，问题不但没有解决，还让矛盾更加激化。那么，有没有什么好的沟通方式可以避免这样的问题呢?

简单来说，可以从以下 3 个方面调整自己。

1. 先处理心情，再处理事情

沟通需要好的氛围。这个氛围的关键就是两个人都有平稳的情绪。情绪不对，一切白费。所以，当发现苗头不对，气氛开始紧张时，最好摁下暂停键，先处理一下自己的心情。

之所以如此，是因为情绪的产生极为迅速，在刚开始的那几秒钟，人的大脑很容易进入理智空白期。这个时候，我们的理性是处于瘫痪状态的，感性完全支配着我们，这个时候人们通常会做出一些冲动的举动，因此不是表达情绪的好时机。

先处理心情再处理事情，就是针对情绪的这样一个特点。如果你能心中默数 10 个数，让自己冷静一下，觉得大脑可以去思考一些问题时，再来表达自己的情绪，就会避免很多很多的麻烦。

2. 表达自己的感受，而不是指责对方

表达自己的感受，就是说明此时此刻你的感受是怎样的。比如我感觉很生气，我感觉很难过，我感觉不被理解，等等。这看似很简单，但在生活中却是最容易被忽视的。

很多人在沟通的时候，看似在表达自己的感受，其实表达出来的是在评价和指责别人。比如你真自私，你从来不关心我，你总是让我失望，等等。

描述自己的感受和评价别人的最大不同就是，前者的攻击性比较弱，容易激发对方的同理心，从而愿意看见和理解你；而后者则会引起情绪上的对立和争执，形成“你无理取闹”“你才无理取闹”这样的互撕局面。

而我们都知道，一旦两个人处于对立的状态中，沟通就很难取得好的效果了。

3. 就事论事，而不是针对两个人的关系

比如，有些问题你不想聊的时候，你可以说：“这个问题我不太感兴趣，咱们先聊点别的事儿吧。”这就是就事论事。但如果你说：“你真没劲，净说些无聊的事！”这就是对对方人身的攻击，两个人即使不打起来，也可能会吵起来；即使不吵起来，也可能会不欢而散。所以，同样一件事，表达方式也很重要。

最后还是要强调一下，沟通中掌控氛围，把握情绪从来不是一件很容易的事。它和一个人的行为习惯，和一个人的认知，以及对人和事的看法都有密切的联系。这些，都是需要我们在日常生活中慢慢去反省，一点一点去改变的。甚至，可能需要我们用一生去修炼自己。

因此，一时做不到没关系，有时候控制不住也没关系。关键是保持耐心，你付出的越多，收获的自然也就越多。当你对自己的情绪越来越了解，在越来越多的事情上用一种无害或低伤害性的方式来应对时，你的亲密关系，你的生活，就会出现很多积极的变化。

孤独是自由的开始。

Alocasia love

插画师：kelasco

09

如何度过人生中那些难熬的时光

无论我们能不能接受，创伤是人生的标配。

创伤是人生标配

关键词：创伤　心理弹性

《天气预报员》中有一句经典台词："成年人的生活里，没有'容易'二字。"

不管是谁，总会遇到一些问题，经历一些挫折，感受到生活残酷的一面。从心理学的角度说，这些痛苦的外在体验会影响人的内在，然后在我们的心理上形成或大或小，或深或浅的创伤。

无论我们能不能接受，创伤是人生的标配。就像有人说的："每个人都会有一段异常艰难的时光，没人在乎你怎样在深夜痛哭，别人再怎么感同身受，也毫无帮助。再苦、再累、再痛、再难熬，只有也只能自己独自撑过。”

既然不可避免，那么如何应对生活里的各种创伤，就成为我们人生中一个很重要的课题。

在我的心理咨询个案中，来访者们带着各种各样的创伤。有学业上的问题，有原生家庭的痛苦，有情感上的迷茫，有事业上的沮丧。他们经常和我说的一句话是：“看不到希望。”

这就是心理创伤对一个人的影响。那种痛苦加迷茫的感受会形成一个特殊的场域，在这个场域里，很多东西都会被扭曲。我们的感受会被锁定在消极和悲观的维度里，让人体会到更多的失望、痛苦和无助。

然后我们认定，人生已走进死胡同，自己不会好起来了。真的如此吗？

遇到这类问题时，我经常会想起自己的一个高中同学。高考时，她落榜了，不得不复读。经历的人都知道，那种紧张和高压的学习生活并不好过。经过一年的努力，她考了一个还不错的分数，但因为报考失误，不幸再次落榜。没有人能体会她当时的无助和绝望，后来在家人的安慰和鼓励下，她开始了第三次复读。

这次，她终于考上了大学，虽然只是一所普通的学校，但她终于可以让自己的人生走向正轨。在大学里，她并没有松懈，而是继续努力，最后考上了南方一所知名大学的研究生，实现了人生的逆袭。

面对生活的困境，有的人被打倒，有的人则被激发出无穷的斗志，凭借自己的意志走出人生的低估。造成这种不同的原因是什么？心理学认为，这主要是人们心理弹性的不同导致的。

所谓心理弹性，指的是当一个人在面对生活中的压力、伤痛和困境时，能用积极的方式去面对和消化的一种适应能力。

心理学家乔治·伯纳诺将心理弹性比喻成一种心理上的免疫系统，当一个人面对突如其来的心理压力时，必然会产生一些消极的情绪反应，如恐惧、悲伤、焦虑，等等，这时人的心理弹性就会像“防御的网”一般，保护我们的内心不被这些情绪所冲垮。

心理弹性强的人，面对挫折和打击拥有更快的复原力，更容易从痛苦的旋涡中挣脱出来，让自己的生活重回正规。

对我们内向者来说，面对创伤怎样才能拥有更强大的心理弹性呢？

接下来，我们就从情绪创伤和情感创伤两个方面详细探讨一下这个问题。

情绪创伤：不要什么都往心里去

关键词：情绪创伤　压抑

“我‘emo’了。”

这是近两年很流行的一句话。“emo”原本指的是一种情绪化的音乐风格，但现在被网友们重新定义成一种不开心、丧和伤感的情绪状态。

我“emo”了＝我心情不好了。心情不好的时候，你会怎么办？

小说《挪威的森林》里，对女主人公直子的姐姐有过这么一段描写：

> 在她身上，是用消沉来代替不高兴的。往往两三个月就来一次，一连两三天闷在自己房里睡觉。学校不去，东西也几乎不吃。把房间光线弄得暗暗的，什么也不做，只是发呆，但不是不高兴……这两三天一过，她就一下子恢复得和平时一个样，神采飞扬地上学去。

情绪低落时，不吵不闹，不痛哭流涕，不破坏外面的花花草草，只是安静地一个人待会儿，或者好好睡一觉就好。这种很佛系的处理方式是内向者最擅长的。

之所以如此，原因有很多。有时候，是内向者不想给别人添麻烦。情绪是会人传人的，一个人不开心，很容易导致一群人的不开心，为了避免给别人带来负能量，最好的办法就是闭嘴。

有时候，是觉得说了不如不说。人类的悲欢并不相通，即使是亲密的朋友，是家人，很多时候你真实的感受也不容易被理解，这样的一种不同频，反而会让你更难受，甚至更悲伤。

于是就觉得，算了，还是自我消化吧。

这种自我消化在心理学上称之为压抑。它的运作原理是把意识中难以接受的冲动、欲望、想法、情感或痛苦经历“压到”潜意识中去，使得自己对压抑的内容不能察觉或回忆，以避免感受到痛苦和不愉快。

压抑是我们经常使用的一种心理防御方式，它能帮助我们处理日常生活中很多很多我们不喜欢，或者不愿面对的事情。有时候，这种压抑我们是能觉察到的；在有些特殊的时候，这种压抑是觉察不到的。

内心的声音

“我觉得我已经忘记了不快，但事实并非如此。”

有一位来访者曾对我说过这样的情况：她发现自己的记忆力有些问题，当有一些不好的事情发生时，第二天她就有可能忘掉，就好像从来没有发生过一样。有一次，她发现一位关系很好的闺蜜已经好几天没有联系自己了，感到很奇怪，就打电话问对方为什么不找自己玩。结果闺蜜气呼呼地说："我们前几天刚大吵了一架，难道你这么快就忘记了？"她说，自己竟然完全没有吵架的那段记忆。

因为成长过程中的一些原因，这位来访者对人与人之间的争吵和冲突非常敏感，内心难以承受。所以，为了避免面对这些痛苦，她的潜意识自动启动了压抑的过程，从而导致她在遇到这类问题时经常性地"失忆"。

问题是，那些被压抑的负面情绪真的消失了吗？其实并没有，它们只是储存在了潜意识当中而已。

随着时间的流逝，当时发生的事情可能会变得模糊甚至被忘记，但是那种体验和感受会一直保留在我们的内心深处。当被压抑的情绪垃圾积累到一定程度时，就会形成很大的能量。当我们无法承受这个能量时，就需要找个出口来释放它，以缓解内心的压力。

举个例子，有些平时脾气特别好，似乎从来不会生气的人，有时候会在一些非常小的事情上突然爆发，发特别大的火。背后的原因是，他在过去的生活中积累了太多的负面情绪，又没有得到及时的释放，最后导致情绪失控。他们可能在主观意愿上并不想这样，只是当压抑已久的情绪像溃堤一样从一个小的出口喷薄而出时，他们的理性和意志已经无法控制住这种洪荒之力了。

所以，虽然适当的压抑在生活中是必不可少的，但过度压抑并不是一个特别好的处理情绪的方式。时间久了，你可能会越来越不容易快乐，并且莫名地感到情绪低落。严重情况下，甚至可能导致抑郁。

当我们的情绪有了问题，出现一些“伤口”时，可以通过什么方式来疗愈呢？

首先，和信任的朋友聊聊。人都是有局限性的，没有人可以无所不能，独自解决生活中所有的麻烦。遇到压力或委屈时，找信任的朋友聊聊天，和家人说说自己的心事，是缓解内心压力，清除心理垃圾最快速且有效的一种方式。

尽管很多时候，身边人的支持可能不像心理咨询师那么专业，但这种“感到被爱”的力量，能够赋予我们战胜困难的力量。那些心理弹性强的人，并不一定是其自身有多强大，有时候是因为他们善于从关系中汲取能量。

其次，通过运动等方式，释放积压的负能量。电影《阿甘正传》里，阿甘遇到问题，或者有想不通的事情时就会做一件事：跑步。

“遇上麻烦不要逞强，你就跑，远远跑开。”虽然电影中的跑具有一定的象征意义，但客观地说，跑步确实是调节身心、缓解压力的一种非常有效的方式。有研究发现，相对于各种抗抑郁的药物，运动的效果会更好更健康。

比如，经常跑步的人在运动的时候会体会到一种愉悦感，这就是因为当运动量超过某一阶段时，我们的身体会分泌内啡肽和多巴胺，这些都可以让人感到快乐和满足。所以，假如有时候你不开心，不妨像阿甘一样跑起来吧。

最后，写日记或日志。《书写自愈力》一书中说：“将自己的心声写下来，自我分析，是最快的治愈之道。”通过书写，我们可以宣泄自己的情绪。把自己的感受和种种情绪写下来，这种诉诸笔端的过程也是一种表达的过程。有写日记习惯的人都有过这样的体验，有些心事一旦写出来，内心就会有一种释然的感觉，身上的压力也会小很多。

这就是我们心理学上经常说的，表达即疗愈。另外，书写是一场向内的旅程，随着记录的增多，我们的自我觉察力会越来越强。关于遇到的问题，自己是如何看待的，有没有其他看问题的角度？通过这样的梳理，我们看问题会更加理性和深入。这样坚持久了，你会发现自己的心态越来越成熟，内心也越来越强大。从某种意义上说，习惯了书写自我的人，可以更好地展开自我对话，就像心理咨询一样，是一种自己对自己的疗愈。

情感创伤：如何放下一个很喜欢的人

关键词：代偿转移法　思维反刍　受害者情结

感情中，不仅有爱与被爱，还有伤害和被伤害。

咨询中，经常会遇到有情感创伤的人。明明一段感情已经过去很久，甚至都已经分手好几年了，但他们一直深陷其中难以自拔。有人曾形容这种状态如同掉进一个没有边际的深渊里，整个世界都是灰暗的。

我曾问一位求助者："刚分手的那段时间，你是怎样处理自己的情绪的？"她说："就是拼命去工作，工作完了就找其他事情做，健身锻炼，做家务，做美食。总之，不让自己停下来，这样就没有时间或者没有力气去想分手这件事。”

这是很有代表性的一个做法。心理学上把这种应对情感创伤的方式称之为代偿转移法，意思是如果一件事让你感到太痛苦，无法承受，就转移自己的注意力，通过关注其他事情来缓解内心的压力。这有点像鸵鸟战术：只要我不去想让我痛苦的事情，痛苦的事情就伤不到我。

这样的方法有用吗？心理专家认为，大部分创伤会随时间流逝掉，但有一部分创伤，无论时间过多久，它还是会在那个地方，成为怪兽，慢慢吞噬你的能量，形成心理阴影，影响我们的人格，甚至命运。

那么，什么样的人容易被困在心理阴影和创伤之中呢？对内向的人来说，习惯思维反刍的人最难从情感创伤中走出来。所谓思维反刍，就是反复回想过去发生的事，别人说的每一句话，每一个表情，以及这些细节背后的各种可能性。苏格拉底说过，未经审视的人生，不值得一过。但如果这种审视超过了一定限度，就不仅会成为困扰自己的问题，还会让自己陷入精神内耗的旋涡。

比如，有的人在思维反刍时，会把矛头对准别人。他们在回想过往的感情经历时，会不断寻找对方对自己不好的各种细节，认为都是对方的错，是对方导致自己陷入现在这样痛苦和无助的境地，于是越想越愤怒。我们常说因爱生恨，很多时候就是这样。

这样考虑问题的人，容易陷入受害者情结中。所谓受害者情结，就是不管遇到什么事情，都会把自己认定是受害者，都是别人的问题，是他们的一些话或一些做法让自己受到伤害，导致自己很痛苦。

“既然是别人伤害了我，我是无辜的，那么这个问题也不该让我来解决。”于是就会形成一种等待的心理，等待别人来承认错误，等待别人来把自己从泥潭中拉出来。但现实是，没有人在乎你的感受，更没有人会跳出来拯救你。最后的结果是，这样的人会陷入一种愤怒和抱怨的无限循环之中，越愤怒越抱怨，越抱怨越愤怒。这样看，他们表面上是不放过别人，其实是不放过自己，因为最终受伤的只是自己而已。

还有的人在思维反刍时，会把矛头对准自己。他们会把感情的失败等同于自己的失败，他们会觉得我这个人不行，没有魅力，或者不可爱，没有人会喜欢自己，等等，不断地自我否定。

当我们把感情失败和自我否定画等号时，就会害怕与人相处。这样的人在跟新伴侣交往时会变得更有防御性，会筑起一堵墙。

他们担心新的感情也一样会失败。就像我们曾讲过的自我实现的预言一样，当一个人内心越防御，越害怕新的感情失败的时候，越不容易开始新的感情。因为和你交往的人会感受到你的这种防御的状态，认为你不够真心，从而远离你。因此，这样的人即使想开始一段新的感情，也会很困难。

面对以上这些情况，我们怎么做才能从感情的创伤中更快地走出来呢？

首先，自我觉察一下，自己被困在感情创伤中走不出来，到底是因为什么？是因为无助，还是因为被伤害而感到的愤怒，自尊心接受不了？还是处在一种被伤害者的情绪当中，把自己当前处境的责任都推给了别人？还是说我们根本不愿接纳感情失败这个现实？

找到最困扰你的那个原因，然后理性地分析一下，事实是否真的如此。当然，有的人属于感觉型的人，他们考虑问题只能凭感觉，不习惯理性地去思考问题，所以让他们自我分析的话会有点困难，在这种情况下，你可以向身边的人寻求帮助，让别人帮你分析。如果条件允许的话，也可以做心理咨询，这是一种更好的求助方式。

其次，调整自己的归因方式。所谓归因，就是把一种结果归结于何种原因。归因方式有两种，一种是内归因，就是把原因归结于自己，比如都是自己的错，都是自己不好，等等。还有一种是外归因，就是把原因归结于外在，比如是别人的错，或者时机不对，运气不好，等等。

内向的人特别喜欢内归因，如果感情出现了问题，就会把原因归结到自己身上。认为是自己不够优秀，所以才得不到真正的爱。于是，越想越自卑。

针对这种情况，我们要学会改变自己的归因方式。感情是两个人的事情，对方离开你，并不代表你就是不好的，而只是说你们两个人不合适。感情中没有好不好，只有合适不合适。用感情的失败来否定自我是不理性的。要提醒自己：这不是你的错，错的只是感情本身而已。

进一步说，即便是经历了一段错的感情，也不代表这段经历是毫无价值的。一次失败的经历，可以让我们看到自己身上以往看不到的一面。如果我们能够因此变得更加了解自己，并且从这些不足中提升自己，让自己变得更优秀，那么，失败就不再是失败，而是我们宝贵的人生经验了。

总之，爱是可以让人成长的，不管有没有结果。

生活很“渣”，没有人可以避免它的“出轨”

关键词：节奏

时间是往前走的，但生活未必。

有一位内向的朋友曾和我说：“自己 30 岁了，本该人生而立的阶段，却因为种种原因离了婚，现在独自在一个城市漂泊。兜兜转转很多年，感觉生活又回到了原点，失落，迷茫。”

这种感觉，让我想起作家村上春树说过的一句话：“身边的人早已经走远，唯独我和我的时间在泥沼中艰难地往来爬行。”

我们总以为，成年人的生活也会像学生时代一样，过了一年级，就是二年级，过了初中，就是高中，有一个固定的节奏，有一个统一的时间线，到了什么样的年龄就会过上符合这个年龄阶段调性的生活。

但总有一些意外，会打乱我们的人生步伐，让我们预想的生活“出轨”。比如别人都结婚了，你还单身；别人都要生二胎了，你却离了婚。这样一种落单，总会让我们焦虑，甚至是恐慌：自己是不是要被生活抛弃了？

其实，不是你被抛弃了，而是生活本身就是一个不知道要将你抛到何处去的随机过程。

电影《阿甘正传》里有一句经典台词：“人生就像一盒巧克力，你永远不知道下一颗是什么味道。”这才是更贴近生活的真相，一切都是未知的。

就像一个人航行在大海上，你可以选择任何一个要走的方向，但接下来将会遇到什么，经历什么，谁也不知道。可能是晴空万里，顺风顺水，你多赶几程路；也可能是暴风雨，漩涡暗流，把你困在其中苦苦挣扎。

我们都不喜欢后者，不喜欢挫折，不喜欢意外，不喜欢把大把的时光和精力反反复复耗在一件事上的感觉。但对绝大多数的人来说，这又是不可避免的。

人总是要困在什么地方的。有的人困在事业上，稀里糊涂地选择了一份工作，不是很喜欢，但也不知道自己喜欢什么，或者能做什么；有的人困在了感情中，要么是患上婚姻恐惧症，一想到将和某个人走进亲密关系就心生抗拒；要么是一而再再而三地喜欢那些会伤害自己的人，像强迫性重复似的从一段糟糕的关系中跳到另一段糟糕的关系中。

我们总觉得，不该这样啊，是不是自己的生活打开方式不对?

其实，生活是有它自己的节奏的。这个节奏既不是快跑的节奏，也不是马拉松的节奏，而是一种自定义的节奏。

如果一段时间你的好胜心很强，喜欢和人比较谁过得更好更幸福，喜欢那种刺激的超越感，那这就是当下属于你的节奏。如果一段时间你累了，想不管不顾地躺平，想一个人待在原地静静，那么这也是当下属于你的节奏。

甚至，你也可以允许自己“倒退”。婚姻不幸福，哪怕是已经在一起很久了，也可以从这段婚姻中退出来，恢复单身状态。这没有什么问题。

并不是说生活预设了一个固定的节奏，然后每一个人都需要跟随这种节奏，而是你经历了什么，你的生活节奏就是什么样的。你是你生活节奏的创造者。

不要总觉得自己的节奏太慢了，太乱了，太磕磕绊绊了。人和人不同，完全没有可比性。用比别人更快的速度跑到终点，确实很酷，但走走停停，到处转转，甚至在草地上睡一觉起来再走，这样的日子也没什么不好。

所以，不要害怕创伤，也不必太介意自己会在一件事情上困住多久。我们人生中遇到的每一个痛苦，每一个创伤，就像一个生命一样，也是有自己独特的时间周期的。时机到了，可能别人的一句话就能点醒你；时机未到，你再挣扎也没有用。甚至，越挣扎越痛苦。

了解了这一点，我们就更容易坦然地面对一些不好或者不顺心的事情。这个时候，你和世界不再是一种对立状态，而是陪伴状态了。这会帮助你拥有和获得更积极乐观的心态，从而更好地度过人生中难熬的时光。

场景方案

不开心时，内向者能治愈自己的 43 件小事

生活中难免会有不开心的时候。就像我们的身体偶尔会有小恙一样，不开心就是我们心理上的小“感冒”，会让我们不舒服。心情不好时，你会怎么做呢？

这里，我们分享 43 个日常生活中能够帮助内向者打败不开心的小技巧。

1. 一个人，找个安静的地方发呆，放空自己。

2. 躲进自己的房间，关掉手机，关上窗帘，睡觉，想睡多

久就睡多久。

3. 抱着被子哭一会儿。

4. 戴上耳机，单曲循环听一首最想听的歌。

5. 一个人偷偷地喝酒：轻微不开心，就喝啤酒；超级不开心，就喝白酒。切记，别喝醉。

6. 洗澡，把附着在身上的各种不开心都洗掉。

7. 左右互搏术：自己和自己对话，自己劝自己，或者自己骂自己。

8. “撸猫”，或者“撸狗”。

9. 在家打扫卫生，把所有的东西都收拾干净，把所有没用的东西都丢掉。

10. 窝在沙发上，看自己最喜欢的一部电影。

11. 熬夜，随便干点什么，或者什么都不干，忽略时间的存在。

12. 写日记，把自己的心情写下来。

13. 改自己社交账号的头像。

14. 去理发馆剪头发，体验那些“烦恼丝们”从头上纷纷落下的感觉。

15. 一个人出去散步，漫无目的地走。

16. 去海边走走，坐在沙滩上吹风。

17. 一个人去吃火锅，点一桌子的菜，一直吃到撑。

18. 站在夜晚的天桥上，看城市的车水马龙，万家灯火。

19. 去健身房健身，累到要虚脱。

20. 坐在窗台上，听雨落在树木和草地上的声音。

21. 一个人去游泳，幻想自己是一条鱼。

22. 买很多好吃的，用甜食填充自己的心灵。

23. 随便上一辆公交车，坐在后排靠窗的位置，在城市中间游走。

24. 逛菜市场，用市井气息疗愈自己。

25. 来一场说走就走的旅行，去一个从来没去过的陌生城市，住一晚再回来。

26. 拼命工作，不给自己不开心的时间。

27. 和家里的毛巾、椅子、水杯等对话。

28. 在微博上写下自己的心情，一分钟后再删掉。

29. 朋友圈设置成仅三天可见。

30. 回忆之前做过的错事，然后对自己说，这是自己应得的。

31. 思考生活和人生的意义，让不开心变得有学术价值。

32. 给过去或未来的自己写信，告诉他们自己现在很不开心。

33. 打游戏，尤其是枪战类的游戏。

34. 有条件的话，去伦敦的广场喂鸽子，去纽约的广场看雪景。

35. 看书，投入另一个世界中，忘记烦恼，忘记自己。

36. 和家里的智能机器人聊天。

37. 躺在床上，闭上眼睛，告诉自己，这些不开心只是大脑的幻觉。

38. 翻翻家里的旧物。以前写过的日记，朋友之间的卡片，有时候也具有奇怪的治愈能力。

39. 做一件平时不敢做的、出格的事。

40. 看喜欢的人的照片或者他的社交账号的动态，从中获取能量。

41. 做冥想，观照自己的内心。

42. 在网上买一束花，送给自己。

43. 对自己说："就算内心再兵荒马乱，也要从容不迫。"

不是不想主动联系，只是担心无人接听。

插画师：kelasco

10

职场中，学会内向式表达

你是一个很努力的人，但你需要让别人看见你的努力，大家才会认定你很努力。

为什么越踏实的人越容易被忽视

关键词：认知吝啬者

工作中，内向者经常发现这样一种情况：自己做事很认真，也很踏实，周围的同事和领导也都认可这一点，但就是得不到重视，在职位上迟迟无法晋升，或者晋升得很慢，薪资待遇也是处于止步不前的状况。

为什么会有这样的情况呢？难道真的就是我们常常认为的，是公司领导不知人善任，只喜欢讨好自己的下属吗？

要回答这个问题，我们先从正反两面做一个简单分析。首先，我们看一下踏实的人通常有哪些优点：

- 认认真真做事，更喜欢用做事来展现自己；
- 不会去刻意宣扬自己做出的业绩；
- 不管领导安排什么样的工作，都会认真去执行；
- 很少与人争论，只想把自己的事情做好。

接下来，我们再看一下踏实的人有哪些不足：

- 很少与人沟通，不了解别人的想法和关切点；
- 不善于表达自己，很少向领导和同事表达自己的想法；
- 被动地希望别人看见自己的付出，不会主动展示自己的工作成果。

由此可见，做事踏实认真确实是职场中让人点赞的品质，也是很多成功人士反复褒奖的特质。但这里有一个容易被人忽略的环节，就是被看见。

你是一个很努力的人，但你需要让别人看见你的努力，大家才会认定你很努力。你在工作中付出了很多，但你需要让别人看见你的付出，大家才会认定你确实付出了很多。

对我们内向者来说，容易困惑的一点是：我为公司做了这么多，难道还不够明显吗？还需要去说吗？很多时候，还真需要去说。

社会心理学家麦圭尔提出过一个重要的概念：认知吝啬者。意思是我们在看待别人的时候，很难做到全面深入的了解。相反，为了节省时间和精力，我们通常会“偷懒”，凭着以往的经验和当下的感觉简单快速地做出判断。

这就导致了这样一个问题，假如你不能够充分地表达自己，别人就会按照他们的一贯倾向去理解你，这样的话误解就很容易发生。

尤其是在公司中，职位越高的人需要处理的问题越多，处理问题的难度也越大。因此在与下属沟通的时候，能够投入的时间和精力就会越少。假如你不去表达自己，你的上级也就没有机会来真正地了解你。

因此，有些人之所以不被重用，很多时候并不是公司领导不喜欢认真稳重的人，而是在平时的工作中对他们缺少足够的了解。而了解是信任的前提，没有人敢提拔一个不了解的人，这就导致了踏实工作的人容易被认同但不容易被重用的结果。

对内向的人来说，要想在工作中快速地成长，就需要格外重视一种能力：表达力。在表达上，外向的人像一个万花筒，能用各种各样的花样和套路来最好地呈现自己。这样的表达方式很炫，但不适合内向者。

职场中，适合内向者的表达方式是怎样的呢？接下来，我们就详细探讨这个问题。

好的表达，需要框架

关键词：语言表达框架

不管是去应聘面试，还是去拜访客户，总避免不了会遇到这样的情况：请你简单地介绍一下你自己，或者介绍一下你的公司和单位。这是一个开放性很强的问题，怎么说都可以，但是表达能力的高低也很容易从这样的问题中听出来。

比如，有的人回答得没有条理性，想到哪儿说哪儿，要么就是用一些很模棱两可的语言，比如挺好、还行、不错等这样的话术。可能说的人自己明白是怎么回事，但是听的人就有点费劲，甚至是一头雾水了。

那么，应该怎么表达呢？在职场沟通中，表达的时候最需要考虑的是：精简——用最简洁的语言，表达最全面的信息。

你不需要考虑过多的修饰、也不必整一些动人的形容词。人的大脑处理信息的容量是有限的，你的表达越复杂，对方理解起来就越吃力，时间久了就会疲惫，然后不会认真去听。这也是为什么那些说话喜欢拐弯抹角的人通常不被喜欢的原因，因为听起来太累了。

所以，我们真正需要做的是让对方明白：你在传达什么样的信息，信息的内容是什么。简单、清晰是最重要的。

对于复杂信息的理解，我们的大脑常用的一种处理方式是分类。也就是说，当我们听到别人所说的比较复杂的内容时，会下意识地这样想：对方讲了什么？可以分成哪几个要点？

这就提醒我们，除了简单、清晰，还有一个重要的表达原则就是要有条理。你说得越有条理，别人听起来越舒服，接受起来就越容易认同。

对内向者来说，在表达上要学会化繁为简，抓住最重要最核心的东西，即我们的目标应该是让别人更准确地了解我们，因此在表达时要能够简单、清晰和有条理。

在此基础上，我们可以构建一个适合自己的语言表达框架。在职场中，最简单也是最适合内向者的一个语言表达框架是：要传达什么样的信息 + 信息要点。

举个简单的例子，销售人员在向自己的上级汇报工作时可以这样说："经理，昨天跟某客户沟通过了，他对咱们的产品很感兴趣，但是要合作的话需要满足他三个条件：第一，关于货款，先付 70%，收到货后再付尾款；第二，下订单后保证一周内到货；第三，保证产品质量，否则担负 20% 的违约金。经理，您觉得怎么样？"

这种信息的传达，就非常简洁、清晰、有条理，既让经理明白了客户的态度，又很清楚地明白了客户的条件和要求，接下来只需要做出相应的决定即可。

这种表达的语言框架看似很简单，也没有什么神奇的，但是在听者的潜意识当中会觉得：听这个人说话很舒服。大道至简，就是这个道理。

当然，在职场中，表达的形式有很多。除了说话，也可以用写的方式进行交流。比如很多公司都有写日报、周报和月报的要求。有的人觉得这些事很烦琐，内心有抵触，所以在写的时候很敷衍，应付了事。其实，这些报告正是上级了解你工作进展，以及了解你工作能力的一个很重要的渠道。

对内向的人来说，虽然不习惯口头上的表达和交流，但在用写的方式表达自己的想法和见解时会很自如。所以，认真地对待日常的工作汇报，好好利用这个工具，也同样可以达到让上级了解自己，甚至看重自己的效果。

另外，现在社交软件发达。不管是上下级之间，还是同事之间，绝大多数情况下都是通过工作群或者一些专门的沟通软件进行的。进行网络沟通时，既可以发语音，也可以发文字。外向者讲究效率，可能更喜欢发语音，速度也更快一些。内向的人相对来说不喜欢语音，但可以用发文字的方式表达自己。这样虽然速度慢一点，但有更多的时间来整理自己的想法，因而在表达上可以更深入细致地展现自己。

现代社会有虚拟化的趋势，不管是生活上，还是工作上，很多原本面对面的沟通开始被网络沟通所替代。这也就意味着，口头表达的重要性在被削弱，文字沟通在人与人之间的交往中所占的比重有了很大的提升。

对内向的人来说，这是一个利好的变化。因为内向的人喜欢思考，也喜欢写下自己的思考，唯独不喜欢说出来。所以，尽可能用文字表达自己，也可以让别人充分地了解自己。

不管是说，还是写，能让别人更好地了解自己，那就是好的表达。内向者不用太在意自己嘴笨、口才不好，只要你想展示自己，总能找到适合自己的表达方式。

如何克服演讲焦虑

关键词：目光压力　视觉想象技术

我们都知道，演讲就是在公众场合发表一些看法，分享一些内容。在职场中，演讲是很重要的一项能力，它在规模上可大可小。

比如，产品发布的时候，有产品的介绍演讲；还有最近几年，很多人热衷于跨年演讲。这些都是非常正式或者大型的演讲形式。

除此之外，还有很多场合看似不是演讲，其实本质上也是演讲。

比如公司开会，你在领导和同事面前汇报一个项目的进展，或者近一周的工作情况；再比如有合作伙伴来拜访，你向来访者介绍自己的公司，等等。这些都需要你面对一些特定的人群，做一些有目的的表达，本质上这些也是演讲。

演讲对外向的人来说，通常不是什么太大的问题，甚至是很享受的事情。但是对一些内向的人来说，这就是一个不小的挑战。有的人一想到要当众讲话，就会特别焦虑和恐惧。

内心的声音

“新入职员工自我介绍时，我一句话都说不出来。”

我曾经有一个同事，是一个特别内向的人，她就有这方面的困扰。

刚来公司的时候，公司领导让她在同事面前做一下自我介绍。这本来是一件很简单的事情，说一下自己的名字，来自哪里，现在要入职的岗位，还有自己对公司的感受就可以了。但是这位新同事就是站在那里，脸憋得通红，几乎在一分钟的时间里一句话都说不出来。

为什么我们会对演讲这么焦虑呢？

原因很简单，害怕演讲是人的本能。如果我们仔细觉察一下就会发现，当我们进行演讲时，最让自己紧张的是看别人的眼睛。有一个朋友曾这样描述自己的感受："一想到有那么多眼睛看着自己，心里就慌乱得不行，"心理学上，这种现象叫目光压力。

不管场合大小，当你站起来说话时，都会有一些人盯着你看，仅仅是这个注视本身，就会让人感到压力。因为目光不仅有关注的含义，还有攻击的含义。我们都知道，在动物的世界里，一个动物一旦被另一个动物盯上了，比如羚羊被猎豹盯上了，就意味着羚羊要被攻击了，有被吃掉的危险。

所以，目光的关注，也有锁定目标的意思，这是一种很强的攻击性，会让人紧张，甚至恐惧。

在生活中，我们都有这样的经历：如果一个人一句话也不说，一直盯着你看，时间长了你就会感觉不舒服，心里发毛。

以此类推，我们可以想象一下，当有很多双眼睛关注你的时候，你在心理上会承受着多么强烈的压力。所以感到紧张也好、焦虑也好，甚至恐惧也好，这些都是不可避免的，是一种正常反应。

当然，如果过度焦虑和恐惧，让你的正常表达都受到影响的话，这就是一个问题了，需要我们花时间和精力来调整。

那么，怎么调整呢？首先，要给自己定一个合理的目标。当我们谈论克服演讲恐惧的时候，并不是要求内心一点恐惧、一点紧张都没有。

实际上，大多数的人在公众场合讲话的时候都会感到紧张，哪怕是那些经常在众人面前做演讲的人，他们在上台之前也是紧张的。

所以，当我们说克服演讲恐惧的时候，绝对不是说完全感受不到恐惧，完全感受不到紧张，这是不可能的，很少有人能达到这么高的境界。

真正合理的目标是，虽然我还是会感到不安，感到紧张，感到害怕，但我能承受得住，并且不会让这种内心的紧张和恐惧影响我外在的表达，那这就够了。

所以，我们克服演讲恐惧的目标并不是消灭它，而是让它变得可控。那么，我们怎么做，才可以让它变得可控呢？这里我们分享几个方法。

1. 演讲前做充分的准备

面对一件事情的时候，有没有足够的能力，有没有十足的把握，是决定你的焦虑是严重还是轻微的关键。

演讲这件事也是如此。如果你对要讲的内容做了充分的准备，那么就可以有效地缓解内心的恐惧。具体做哪些准备，你可以根据演讲的实际情况来处理，这里我们不展开讨论。

2. 学会让自己放松

不管做什么事，你越放松，你的状态就会越好；相反，如果总是很紧张的话，就很容易出错。

这个道理，相信大家都懂。那怎样才能放松下来呢？方法有很多，一种是身体上的放松，比如在一场重要演讲的前一天，睡个好觉，那么第二天你就会神清气爽，也会感觉很放松。另外，在开始演讲前，做几次深呼吸，或者找一个安静的地方，试着听一听手机里舒缓的音乐，也可以让自己放松。

除了身体上的放松，我们还可以利用一些技巧进行心理上的放松，比如，心理咨询师们常用的视觉想象技术。如果你害怕演讲，那就找一个安静的地方躺下来，或者找一个舒服的座位坐下来。然后，请发挥想象力，在脑海里进行模拟练习：设想自己走进了某个演讲场合，然后你看到自己说话时口齿清楚、表情自然、充满自信、不慌不忙，别人也聚精会神地听自己的谈话。或者你想象听你演讲的都是一些对你很好、很喜欢你的家人或朋友，他们不会伤害你，只会支持你、鼓励你。

通过这样的想象，你可以在心理层面进行自我催眠，帮助自己在真正演讲时保持镇静，显著降低焦虑水平。

3. 训练演讲技巧

最后一个方法，也是一个比较重要的方法，就是抓住一切机会训练自己的演讲技巧。

你可以通过读书、上在线课程等方式，学习一些基本的社交技巧，比如眼神接触、语音语调、姿势体态等。你还可以观察别人是怎样与人交往的，然后自己去模仿，在实践中去学习和验证，不断调整和提高自己的演讲技能。

当然，如果有条件的话，你也可以加入一些演讲者互助组织。通过分享、交流经验来不断提高自己的公共演讲能力。这是一个不断积累的过程，不是一蹴而就的，需要吃很多苦，但是演讲能力的获得，对改变你对演讲的心态也是决定性的。

怎样说服别人

关键词：中心路径说服　外周路径说服

在工作中，我们经常会遇到需要说服别人的情况。比如你需要说服老板同意自己的方案，或者说服同事接受自己的一个新想法，等等。

说服从本质上来讲，是一个把自己的想法和意愿放进别人的头脑中，让别人“听从”自己的过程。从某种意义上说，这是一种意识上的“植入”，甚至是“入侵”。当我们觉得别人想说服我们的时候，心理上就会有一种本能的警惕感，因此说服别人并不是一件容易的事情。

但是我们也看到，有很多人善于说服和影响别人，他们是怎么做到的呢？接下来，我们就从心理学的角度来探讨那些影响说服力的因素。

当我们想说服别人的时候，首先遇到的问题就是说什么。在这里，我们有两个选择。

1. 中心路径说服

所谓中心路径说服，就是就事论事，围绕着事情本身讲事实，摆道理，通过系统全面的分析来证明自己想法的正确性和合理性。这种说服他人的方式针对的是一个人的逻辑脑。如果对方是一个讲究逻辑、心思缜密的人，你对问题的洞察更深刻，你的解决方案更高级，你就容易获得对方的认同。

内向的人更喜欢用中心路径的方式说服他人，因为我们之前说过，内向的人一般思维缜密，思考力强，所以拥有更强的分析能力。

在职场中，越是重要的事情，越是关键性的决策，中心路径说服方式在人们眼中的重要性就越高。因为这个时候，我们需要考虑各种因素，需要反复权衡利弊，所以理性分析就起着至关重要的作用。

2. 外周路径说服

有时候，并不是你的话有道理别人就一定会听你的。比如，你的朋友失业了，这时如果你去和朋友分析失业的利弊得失，即使你讲得再有道理对方也很难听进去。但是，如果你把自己过去的失业经历和当时的感受和朋友分享一下，让朋友了解到你也曾经历过和他一样的困境，这样一种情感共鸣反而比讲道理更容易治愈一个人。

这就是外周路径说服，这种说服的方式不关注事情的本身，而是关注那些和事情有关联的外围事情，通过外围事情的影响力来改变人们对一件事的看法。外周路径说服针对的是一个人的情感脑，即通过刺激人的感情来影响别人的判断和决定。

比如，同样是给患有重大疾病的人筹集善款，如果你只是列举这些疾病对人带来的危害和影响，或许能筹集到一些款项，但不会太多；如果你还展现了这个人与病魔抗争的感人经历，就能赢得更多人的同情和捐助。

这就是感性的力量，很多时候影响一个人做出决定的并不是理性，而是感性。有时，我们做一个决定可能很难，但是一旦我们的内心被触动，那么做一个决定是很容易的。

所以，能否打动别人内心柔软的一面，也是影响说服力的重要因素。对内向的人来说，外周路径的说服方式是自己比较欠缺的。所以，如果你想再提升一下自己影响他人的能力，就可以在这方面多做一些提升。

影响说服力的因素还有很多，我们可以在生活中慢慢去观察和总结。有些内向者可能会说，自己不太善于言辞，或者对社交中的交往技巧比较排斥，只喜欢用真实的自我和别人相处，那怎么办？

如果你是这种情况，那就要学会真诚。真诚的人在具体的沟通过程中，其说服的能力或许会弱一些，但他们更容易获得别人的信任。而一旦建立了深厚的信任，那么你的说服能力就会变得强大。当然，这样的一种说服力，不是来自你说话的技巧，而是来自你的人格魅力。

场景方案

通过销售工作来提升自己的表达能力，靠谱吗

很多年轻的内向者在刚进入社会时，可能有过这样的想法：我不爱说话，表达能力不行，需要多历练自己。是不是应该去做一些销售类的工作，提升自己的语言表达能力呢？

这样的职业规划是否可行呢？一般来说，我们不太建议内向的人一毕业就去做销售。因为销售是与人尤其是与陌生人打交道的工作，对人际沟通的技能要求非常高。内向者喜欢一个人安安静静地做事情，而不喜欢复杂的人际交往，所以，他们的社交技能是达不到销售工作要求的。

对内向的人来说，更稳妥一点的做法是，先花两三年时间做自己擅长或者相对顺手的一些事情。比如你擅长文字表达，就去做与写作有关的工作；你喜欢某类技术，就去做相关技术类的工作。

这样做有三点好处：一是可以积累工作经验，二是可以积累自信心，三是可以熟悉自己所在的行业，积累行业资源。这些积累有了，你就可以做进一步的打算：如果做技术有前途，就继续在技术的路上深耕，争取成为行业内的技术顶尖者，这是一个事业发展路径。而如果你觉得做技术没有前途，也可以转做销售。

这个时候和刚进入社会时不同，你不再是行业新手，你是懂技术，懂行业环境的，因此即便你去做销售也会有底气。如果你能在客户心中建立起真诚、靠谱、值得信任的人设，即便口才一般，也有机会成为一名优秀的营销人员。

当然，事情都不是绝对的。如果你对自己很有信心，或者很有决心，想挑战一下自己，也可以一毕业就去做销售工作。在现实生活中，这样的成功案例也有。只不过，这样做的难度更大，对人的考验更多，所以要做好足够的心理准备。

内向的人，一个人待着就能充满电。

插画师：kelasco

11

话少，也可以很厉害

话少，并不代表话的分量轻。不爱表现自己，也不代表你的光彩一定会被淹没。

成功的人，大多内向

关键词：存在感　影响力

内向的人安静，沉默，平时话不多，在人多的时候也不愿意展现自己，所以就容易给人一种错觉，好像内向的人在职场中存在感不高，没有影响力。

事实真是这样吗？关于这个问题，我们要一分为二地看。

一方面，这确实是部分事实。职场是一个节奏很快、竞争性很强的场合，很多有事业心的人，会抓住一切机会来表现自己，让别人知道自己的价值。而如果你不管是在同事当中，还是在领导面前，不善言谈，或者羞于表现自己的话，就会抬高别人认识和了解你的门槛。如果别人对你不了解，又怎么能发现你的价值呢?

这就好比同样是金子，有的金子露在河床上闪闪发光，一眼就可以看到，而你这块金子深埋在河床底下，需要花很大力气挖掘和筛选才能够被找到。很显然，最受欢迎的肯定是那些露在河床上的金子，这些都被抢光了，才有机会轮到你。这就是职场的生存逻辑，你太安静的话，确实很容易被忽视。

但是，我们还要看到事情的另一面。话少，并不代表话的分量轻。不爱表现自己，也不代表你的光彩一定会被淹没。因一手拿着矿泉水瓶，一手拎着馒头的形象，而在网络上被大家关注的北大数学天才韦东奕虽然是一个“90后”，但他已经是北京大学的助理教授。认识他的人形容他是“智商超群”。但就是这样厉害的人，在生活中却是一个性格腼腆，非常内向的人。

由此可见，内向的人只是比较安静，并不代表他们在职场上就会默默无闻。我们知道的名人当中，牛顿、爱因斯坦、林肯、甘地、扎克伯格、比尔·盖茨、陈景润等人都是性格内向的人。

美国的一项调查研究也发现，在成功人士当中，性格内向者所占的比例居然达到了七成。所以，内向者在职场中没有存在感，只是一种刻板印象，并不是事实。事实是，内向者有自己的优势，只要他们充分挖掘自己的潜在天赋，也可以成为别人眼中那颗最闪亮的星。

那么作为一个内向的人，该从那些地方努力呢？研究影响力的专家凯伦·梁认为，影响力有两个核心：喜欢和尊敬。

如果深入觉察一下，我们就会发现，喜欢是关系层面的，如果周围的人觉得你这个人不错，就会喜欢你，就会对你刮目相看。而尊敬是做事层面的，如果周围的人觉得你这个人很有能力，也很有资历，做出过很多成就，就会在心底对你产生敬意。

所以，如果你想在同事和领导面前有自己的影响力，可以从为人和处事两个方面着手。接下来，我们就详细探讨一下。

为人：修炼属于你的气场

关键词：气场　低权力语言　身体语言

有的人觉得，要让别人喜欢自己，就得去讨好别人。且不说讨好能不能真的赢得别人的喜欢，即便能赢得一些，这种喜欢也是“俯视”性质的喜欢。最多是同情，甚至是可怜，但与尊重无关。

从心理学的角度看，人的潜意识都是慕强的。你越强大，别人越会追随你。所以，高质量的喜欢是“仰视”性质的。你身上具有某些能量和魔力，让别人惊叹、折服，这样的喜欢才能变为真正的尊重。

而要做到这一点，我们最需要修炼的是自己身上的气场。什么是气场？在生活中，我们和不同的人交往体验到的感受是不一样的，这种感受就是一个人的气场。它像一个能量场一样，会对我们的心理造成某种影响，比如压迫感、钦佩感，当然也包括亲切感。

气场强大的人往往谈吐不凡，但更多的时候，一个人的气场是通过其说话时的音调、节奏、眼神、表情、肢体动作等非语言方式表现出来的。

- 眼神坚定：和人说话时喜欢注视对方的眼睛，眼神专注，充满了能量，仿佛有光一样。
- 表达有力：他们有自己的想法，而且相信自己的想法，在表达的时候非常自信、很少迟疑。
- 举止从容：无论是走路还是就座时，都散发着从容和洒脱的气息。

从类型来说，气场强大的人可以分为两种：一种是咄咄逼人式。这样的人站在你面前的时候，会表现得锋芒毕露，充满了征服欲，让人有一种被碾压的感觉；另一种是如沐春风式。

这样的人站在你面前的时候，会表现得温和而睿智，充满了亲和力，让人有一种想迫切与之交往的冲动。

气场强的人不仅拥有独特的个性魅力，而且有强大的影响别人的能力，因而在职场中这类人常常居于主导地位，让人不敢小觑。那么，怎样才能提高自己的气场呢?

首先，说话时避免低权力语言。语言是有一定的权力属性的，不同的语言形态会增强或减弱说话者对他人的影响力。那么，哪些言语会削弱我们的影响力呢?

比如，说话时闪烁其词，经常使用“我有点失望……”“我觉得我可能……”等句式，这会让人感觉说话者很心虚。

另外，说话时过于客气和礼貌，挂在嘴边的口头禅是：“实在对不起”“特别不好意思”“很抱歉”，等等。根据当下的情况适当的表示礼貌是可以的，但是不分情境的过于礼貌就不是谦虚而是自卑了。

还有，经常使用否定式的陈述，比如这样的话：“我不是很确定，但……”“这样说可能不合适，但……”等。这些语气也给人一种不自信的感觉。

以上这些都是低权力语言的形态，会显得说话者的气场不足，应该尽量避免。气场高的人说话时一定是直接、清晰和有力的，不会给人模棱两可的感觉。

其次，要注意自己的身体语言。看一个人的气场是否强大，首先就是看这个人的眼神。眼神游离、飘忽不定，不敢与人对视都是不自信的表现。而持续的目光接触可以让一个人显得自信，让对方感觉到被关注和重视，激起更深交往的意愿。

有些内向者经常和我说，自己在和别人交谈时不敢和对方对视，怎么办？如果直接的目光接触让你觉得很难，那么可以尝试一个小技巧，就是在交谈中你可以看对方眼睛和鼻子之间的三角区域。这样的话，也可以让别人觉得你在注视他，尽管实际上你并没有。

除了眼神，我们站立的时候背要挺直，头要高高抬起。坐的时候避免把手交叉在胸前，要尽可能用一种放松的姿态打开自己的双臂。前者是一种防御的姿势，显得拘谨，而后者展现的是一种开放的心态。虽然这只是一些简单的身体姿势，但可以让你感觉良好，而且周围的人也会感受到你的自信。

总之，要想通过身体语言展现气场，就要注意自己的眼神、表情、肢体动作，以及整个人的精神状态。

当然，仅仅知道怎么表现自己的气场是不够的，我们还应该明白背后是什么样的心理在支撑着这种表现。

就像我们之前讲到的，同样是气场强大的人，不同的人展现出来的方式也是不同的。但不管外在的形式有多大差别，他们依旧是有一些共同特点的。

对气场强的人来说，其最核心的心理特征就是充满自信。认知心理学认为，人的核心信念有三种。

- 我是否有能力？
- 我是否受欢迎？
- 我是否有价值？

气场强大的人在这三种信念上的回答都是肯定的，而且这种认可更多是基于自己对自己的认可。他们一般拥有坚定的信念，强大的自我意识，而且不会受到别人和外界环境的影响。

处事：成为别人眼中不可替代的人

关键词：核心价值

内向的人在工作中容易陷入一个误区，就是觉得自己之所以不被上级重视，是因为自己身上有很多问题和不足。只有把这些问题都解决了，事业的发展才能上一个台阶。

但实际上，当我们把注意力放在自己身上的问题时，问题是根本解决不完的。你如此，其他人也如此。一项工作能不能做好，不在于你有没有缺点和不足，而在于你有没有过硬的核心价值。

所谓核心价值，就是你的优势能力。如果你拥有一些独特的能力：别人做不到的，你能做到；别人做得一般的，你能做得非常好，那你就是有核心价值的人。

你有了自己的核心价值，就有了和老板博弈的资本，因为你具有的能力很难被替代；你有了自己的核心价值，就有了和别人合作的资本，因为你具有的能力是社会上的稀缺资源。知道了自己的核心价值，然后在这方面持续地花时间和精力去打磨，去优化，你在事业上就会获得事半功倍的效果。

我们可以看一下，内向的人在哪些方面的能力更突出一点。有的人做事很认真，在细节上很严谨，追求完美，这是一种能力，这样的人在一些大型项目工作，以及财务类工作方面会很受欢迎；有的人做事很负责，对领导吩咐的事情，不用监督和催促，都会很自觉地完成，主动性很强，这样的人在团队中让人放心，值得信任，这也是一种能力；有的人善于思考，对工作中的问题看得更深入，更透彻，也更长远，这也是一种能力，而且是技术类或某些专业领域内的人更为看重的一种能力。

当然，内向型的人还有很多优点，大家可以结合自己的实际情况自我觉察一下。了解自己独特的优势，然后不断地去打磨自己的优势，让自己变成一个别人眼中不可替代的人，这样你在团队中就会变得格外重要。

内向者的核心价值有一个共性，就是他们擅长的能力比较隐性，不容易一眼就被看到和发现。但是随着人们相处时间的积累，你的领导也好，同事也好，都会逐渐意识到你的独特之处。

所以，在职场中发现自己存在感不高，不被关注和重视时，不妨多一点耐心，耐得住寂寞。内向的人在确定了自己的事业方向的大前提下，要沉下心，学会坚持。在职场上，赢到最后的往往不是刚开始跑得最快的，而是那些跑得最稳的人。原因就是，职场和战场一样，变幻莫测。一个公司里，人员进进出出很正常，有些人一开始可能表现得比你厉害，但时间久了大家可能发现他只是个“纸老虎”，徒有其表。有些人一开始确实比你厉害，但人家有更高的目标，可能中途跳槽或创业，从而给了你提升的机会。这些都是给有恒心、耐得住寂寞的人的机遇，你抓住了，你在团队中的地位就会提高，你的影响力就会慢慢增大。

对内向者来说，提升自身影响力还有一个重要节点，就是公司的危急时刻。

每个公司在经营过程中都会遇到这样或那样的危机。危机对那些能力不够的人来说，是危险的，但对那些真正有能力的人来说，其实是机遇。

所以，如果你不断积累自己的能力，那么在遇到危险，大家都一筹莫展或者往后退的时候，你能勇敢地站出来，力挽狂澜。这对你在公司里的影响力，对你个人职业生涯的影响也是具有重要意义的。所以，越是面对那些危急的时刻，越要把握住这样的机遇。

生死疲劳，热爱是解药

关键词：自主性功能

要想在职场中成为一个有影响力的、举足轻重的人，并不是一朝一夕就可以达成和实现的，它是日积月累的结果。这就意味着我们不管是修炼自己的为人也好，还是修炼自己的做事能力也好，都需要有一颗恒心。

一提到恒心，很多人想到的是意志力，是咬牙坚持的决心。但实际上，如果你的工作和事业主要是靠意志力在坚持，那注定是不能长久的。因为意志力就像受伤的运动员打的封闭，它是短暂的，临时性的。任何一件长期的事情，其背后都需要一个长久而稳定的推动力。

对内向的人来说，工作上最持久的推动力是什么呢？答案是，做自己真正喜欢的事。真正喜欢的意思是，发自本心的喜欢，并能够长久地坚持，在感性上始终保持热爱，在行为上能化成习惯。

心理学家奥尔波特认为，人有一种“自主性功能”，那就是我们的兴趣爱好，它处于动机的最深水平，可以自发驱动人们去探索和行动。只不过有时候，去做自己喜欢的事看似要冒很大的风险，让人不敢迈出这一步。但经历过的人常常发现，这种风险往往是表面的。

我们都知道，没有任何工作是容易的，不管这个工作是你喜欢的还是不喜欢的，你都会遇到各种困难和挫折，都会承受很大的压力。但区别是，面对一件你内心并不喜欢的事，你会觉得这种压力是一种煎熬，而当面对的是你喜欢的事时，你会觉得这是一种有意义的坚持。

客观地说，我们都愿意去付出，去承受一些压力，只要在心理上认为是值得的。而做自己喜欢的事，就是对我们的付出的最好寄托，所以我们就会更愿意去坚持。真正经历过的人都知道，做自己喜欢的事会带给自己什么样的变化。它可以让你触摸自己成就的上限。

心理学告诉我们，每个人都是不同的。受遗传因素的影响，每个人都会有独特的性格和气质；受家庭和成长经历的不同，每个人都会形成独特的认知和信念。这些就决定了，在某些方面我们会更擅长，而在另一些方面，我们却存在着不足。你只有在做发自内心喜欢的事情时，才有可能激发出自己最大的潜能。

面对真正热爱的事情，我们会很专注，甚至达到那种忘我的愉悦状态。在这种状态中，不仅做事效率很高，灵感也会源源不断地出现。这种体验的累积会使我们的能力和优势不断增强，最终成为我们的核心竞争力。

做自己真正喜欢的事，才可以真正体会到自我实现的满足感。

按照马斯洛的需求层次理论，在所有的需求层次中，自我实现是最高层次的需求。一个人即使满足了安全感的需求、爱与归属的需求、尊重的需求，但如果没有达到自我实现，依然会感觉焦虑、不安。

不可否认，即使我们从事的并不是自己真正喜欢的事业，也有可能把它做得很优秀。但是这种优秀是建立在外在成就感基础上的，我们的内心并没有被触动，因而没有那种真正的满足感。

那么，怎样才能知道什么是自己真正喜欢的事呢？我们需要区分开两个概念：表面的喜欢和真正的喜欢。

表面的喜欢源于当下身体上的舒适和不累，比如之前人们常说的钱多、活少、离家近。我们之所以喜欢这样的工作，并不是它能带给我们多少成就感，而是因为它缓解了我们无法应对压力时产生的畏惧和焦虑。

如果有一份工作，从事之初能带给你短暂的快乐，但之后就让你陷入长久的空虚和无聊之中，那么这份工作是你需要远离的。

真正的喜欢则源于内心的归属，即使最终你没有获得成就上的刺激，但你在从事这项工作的过程中却找到了发自内心的喜悦。当我们做自己真正喜欢的事情时，会体验到自己的潜能不断被挖掘，内心也一点点地变得舒展，得到成长。

如果有一份工作，你做的时候充满活力，并且能够体会到自身的价值，那么它无疑就是“对的事”。这个时候，不要畏惧，也不要逃避，勇敢去追求和践行，终有一天你会感激自己的决定。

场景方案

如何缓解权威恐惧

很多内向者在职场中有一种权威恐惧，就是和自己的上级或领导在一起时会很焦虑，甚至有一点害怕。如果在路上遇到了上级，内向者会假装没看见，然后远远地避开。如果碰巧和领导在一个电梯里，他们就会手足无措，忐忑不安。

在这种情况下，该怎样调整自己呢？权威恐惧在职场中很常见。一方面，这可能和个人的成长经历有关。如果一个人的原生家庭有问题，比如自己的父母比较严苛，要么是“虎爸”，要么是“虎妈”，那么这种过于严厉的养育方式，会让这个人形成心理上的条件反射。小的时候怕家长，工作了就比较容易变成怕领导。

另一方面，这也可能和个人的性格有关。内向、胆怯、自卑的人容易有自我贬低倾向，总是觉得别人很厉害，自己很差劲，因而在面对自己的领导时，会感到心虚，容易产生惧怕领导的心理。

要解决这个问题，首先要有平常心，把领导当普通人看待。害怕领导多是因为把对方想象得过于权威，过于威严，这些往往是自己的想象，不一定与实际相符。所以，你可以多观察对方在生活中真实的状态，也可以了解一下同事眼中领导是什么样的。

通过对实际情况的感受，以及通过他人的视角，你会意识到，对方和自己一样都是普通人，面对领导的畏惧感就会减轻很多。

其次，要相信自己。我们可以提醒自己：我不比任何人差，只要努力工作，再把握好机遇，将来也可以在事业上取得一定成就，甚至可以成为一个比自己的领导还厉害的人。

当我们信任自己，对自己的将来抱有憧憬和信心时，就会从害怕和畏惧权威的旋涡中走出来。

有些路必须一个人走，有些事只能一个人扛。

在自己的世界里做一次冒险王。

插画师：kelasco

12

内向者的人生路线图

人生是有剧本的。

人生有剧本吗？这是一个很有意思的话题。

在很多人的内心，有一种憧憬，就是希望存在一个“人生剧本”。这样，如果有一天自己破解了这个剧本，就可以完全掌控自己的人生，不必再去忍受生活中一个个因未知而导致的焦虑和痛苦。

就我个人而言，我越来越倾向于认为，人生确实是有剧本的。

只不过，这个剧本并不是我们想象的那种，写好了自己会在什么样的时间遇见什么样的人，然后发生什么样的事情。这个剧本指的是一个人从出生到衰老，在漫长的人生轨迹中存在着一些规律。找到并洞察这些规律，可以让我们的人生多一些方向感，少一些迷茫和困惑。

过去，心理学家一直在做类似的探索。心理学家爱利克·埃里克森经过研究发现，如果把人的一生作为一个周期的话，那么我们的心理发展主要会经历8个阶段，每一个阶段都有一个最核心的发展课题。

- 第 1 阶段　出生至 1 岁　核心课题：信任 VS 不信任
- 第 2 阶段　1 岁至 3 岁　核心课题：自主性 VS 怀疑和羞怯
- 第 3 阶段　3 岁至 6 岁　核心课题：主动性 VS 内疚
- 第 4 阶段　6 岁至 12 岁　核心课题：勤奋 VS 自卑
- 第 5 阶段　12 岁至 18 岁　核心课题：自我同一性 VS 角色混乱
- 第 6 阶段　18 岁至 35 岁　核心课题：亲密感 VS 孤独感
- 第 7 阶段　35 岁至 55 岁　核心课题：繁殖 VS 停滞
- 第 8 阶段　55 岁以后　核心课题：自我整合 VS 失望

如果我们把内向性格和埃里克森的理论相结合，并做一些适当的细化和拆分，就可以得到一个包含了 10 个心理发展阶段的内向者人生剧本。这里，我将其称为内向者的人生路线图。

出生

关键词：先天因素

内向者刚出生时有什么明显的特征吗？我认为是没有的。

有的人试图从婴儿哭声音量的大小，持续时间的长短，以及对外界人或物的反应等，来观察内向者在刚出生时有哪些区别于外向者的特征。但到目前为止，并没有发现明显的不同。

这里，我们只需要明白一点：内向性格是一个先天因素与后天因素共同起作用的结果。也就是说，有一部分人一出生就是内向性格的人。内向就像一颗种子一样，根植于他们的内心深处。随着他们一点点长大，无论是语言、行为举止还是社交方式，都会按照内向者的方式和节奏慢慢展开，并形成独特的人生路径。

当父母有一天发现自己的孩子属于内向性格的时候，不要焦虑，更不要试图去改变。就像我们之前反复强调的，内向不是性格缺陷，它只是一种性格。父母需要做的，是为自己内向的孩子创造条件，让他们能够做自己，并且按照适合自己的方式去展开和体验自己的人生。

出生至 1 岁

关键词：安全感　回避型依恋

安全感是一个在生活中经常被讨论到的问题，很多人也常常感觉到自己缺乏安全感。那么一个人内心最底层的安全感是从什么时候开始形成的呢？就是一岁前这个阶段。

刚出生的婴儿非常脆弱，不能自己照顾自己，所以会本能地感受到无助。在这个阶段，如果养育者（通常是父母）对婴儿照顾得很到位，能给予无条件的爱，那么孩子就会感觉自己是安全的，长大后与人相处的时候会本能地产生信任感。

内向的孩子也是如此。他们在成长的过程中，虽然和人交往的兴趣不大，但如果在这个阶段能得到充足的爱，那么长大后在与人交往的时候，就会天然地相信对方，觉得绝大多数人是不错的、可以信赖的。

但如果养育者对孩子的爱不够，比如总是不管不顾，忽视孩子，或者有频繁的打骂等虐待行为，那么这个孩子就会对他人缺少信任感，与人相处时内心会充满焦虑、担心，甚至是恐惧。在严重的情况下，他们在关系中容易形成回避型依恋。

回避型依恋主要表现为惧怕亲密关系。他们不相信在这个世界上会有人真正喜欢自己和认可自己，所以他们干脆关闭对他人信任的大门，不对任何人抱有期望。没有期望，就不会有失望，这是回避型依恋者内心的“金科玉律”。

对于回避型的内向者来说，他们身上的疏远感与距离感会让想靠近他们的异性感到困惑，所以他们成年后如何建立亲密关系，是一个需要重点关注的问题。

1 岁至 3 岁

关键词：自主性　依赖型人格

这个阶段的孩子，迎来了自我意识的第一次觉醒。他们什么事情都想去体验，都想按照自己的想法和感受去做。吃饭的时候，他们会拒绝父母喂，哪怕吃得浑身都是饭也乐此不疲。他们喜欢把玩具丢得到处都是，喜欢翻看和拆卸大人的物品，是“人小能量大”的“无敌破坏王”。

在养育者眼中，这个时期的孩子固执、不听话，动不动就哭闹，让人“头大”。然而，这是一个人自主性形成的关键期。如果父母在照顾的时候有足够的耐心，在合理的范围内允许孩子做各种尝试，那么孩子就会觉得自己可以掌控自己，从而建立起独立的自我意识。

对内向的孩子来说，这个阶段特别重要。如果父母尊重和接纳他们的“小叛逆”，他们就可以信赖自己的感觉，并围绕自己的感觉来构建自我的小世界。这可以培养他们的内在自信。虽然和外向的孩子比较，他们的话不多，但这种沉默的背后并不是一无所知，相反，他们慢慢有了自己独特的想法和感受，并沉浸其中。也就是说，他们的内心是富足的，对自我的感觉是积极和信任的。

相反，如果父母的掌控欲太强，急于用乖孩子的标准来管束孩子的行为，那么久而久之，孩子就会对自我产生怀疑，觉得“我不可以有这样的感觉，我不可以有那样的想法”。他们的内心会被一种羞耻感笼罩着，越来越不自信。

当一个孩子不能相信自己的时候，他就会像藤一样需要依赖他人，严重情况下会形成依赖型人格。

对内向的孩子来说，这将会给他们的成长带来很大的问题。

一方面，他们社交欲望不足，不喜欢太多的人际交往；另一方面，他们缺乏稳定的自我，不得不依赖他人。这样一来，他们的人生之路会变得崎岖坎坷。

3 岁至 6 岁

关键词：主动性　选择性缄默

该阶段的孩子，其活动的重心开始从家庭转向外部，他们开始在幼儿园或其他场所和同龄的小朋友们一起玩耍、相处、交往。从心理学的角度讲，孩子社会化的进程正式拉开了帷幕。

对内向的孩子来说，这也是人生将要面临的第一个重要挑战。这个时期的孩子在心智上都是以自我为中心，缺少换位思考的能力，所以在玩耍的时候，很容易会与同伴发生一些争抢和冲突。一般来说，那些表达能力好、个性强势的孩子容易在冲突中获胜。这样的体验可以提升他们的成就感和优越感，从而在关系中变得越来越有主动性。

相反，如果这样的冲突让孩子感到不舒服，或者在争夺中经常处于下风，老是吃亏，那么孩子对社交关系的体验就会是消极的，充满了挫败感的。结果就是，他们在和其他小朋友交往时越来越被动，不愿意和别人一起玩，更喜欢一个人在角落里自娱自乐。

这是内向的孩子在这个阶段容易出现的问题。如果处理不好，就可能会出现一种选择性缄默的情况。所谓选择性缄默，指的是孩子在家的时候一切正常，与父母的交流完全没有问题，但是在其他一些场合，比如幼儿园，或者一些活动场所，就表现得很害羞，非常沉默。这样的情况会对培养孩子的社交能力造成不利的影响。

对父母来说，最好不要过多地干预，无须要求孩子必须这样说或者必须那样做，这只会增加孩子的抵触心理。家长首先要做的，是接纳内向孩子“喜静不喜闹”的状态，理解孩子的性格，允许他按照自己的节奏和其他小朋友相处，让他自己慢慢去探索、慢慢去感受。

另外，家长可以多给孩子一些陪伴和鼓励。当孩子在社交上有不错的表现时，比如交到了一个新朋友，或者和别的小朋友说的话比较多，都可以及时地鼓励一下。这会增强孩子的自信心，使孩子更愿意打开自己的内心，更喜欢与他人交往。

6 岁至 12 岁

关键词：自我价值感　自卑

进入小学后，学业成为孩子的生活重心。如果孩子在学习上能找到乐趣，并不断体验到成就感，他们就可以拥有更高的自我价值感。“我学习不错”=“我不错”，这样的内在声音会提升孩子内在的自我认同，让他们变得越来越自信。而如果他们在学业上遇到了太多的挫折，又不能积极应对，他们就有可能有自卑感。

内向的孩子通常专注力强，善于深度思考，他们在学习时更容易投入，并且找到自我价值感。内向的孩子在这个阶段面临的主要挑战在关系方面，比如与同学的关系，与老师的关系，甚至与家长的关系。

因为不善表达，性子慢热，内向的孩子需要花更多的时间才能熟悉和适应集体的环境。如果不幸遇到被孤立、被霸凌的创伤性事件，他们在校园时就会变得更焦虑，甚至产生校园恐惧。

在与老师的互动上也是如此。通常老师更喜欢活泼开朗、爱表达的孩子，因为这样的孩子更容易沟通。内向的孩子不喜欢发言，不喜欢主动回答问题，这些都容易导致老师对他们的关注度不够。这也会对他们的自我价值感造成不利的影响。

在亲子关系上，最容易出现问题的情况是家长辅导孩子做作业。我们经常能看到很多家长因为这样的事情而情绪激动，有的甚至歇斯底里，处于崩溃的状态。从心理学的角度看，这种嘶吼式的辅导是一种精神暴力，会严重伤害孩子的自尊心和自信心，最直接的后果就是让孩子产生厌学的心理。

另外，如果在这个阶段父母之间的感情出现了问题，比如父母经常争吵，甚至闹离婚，也会给孩子的心理造成很大的冲击。有一些原本活泼外向的孩子，也可能会因为这样的打击变得内向和自卑。这就是后天因素对一个人性格的塑造。

父母在这个阶段可以重点做两件事。一是创造充满温暖和爱的家庭环境。父母相爱，家庭氛围轻松快乐，孩子就会有安全感，就可以把精力专注在学习上，放心地探索外面的世界。即便在外面遇到挫折或者被欺负，想到家能带给他们支持和鼓励，也会让孩子的内心更有能量，让他们可以更勇敢地面对问题。二是给孩子足够的信任，相信他能凭借自己的能力处理好学习问题，不断成长。

在辅导作业时，父母要明白自己的角色是辅助者，而不是指导者。辅助者是指：我一直安静地站在你旁边，在你需要的时候，我伸手扶一把，帮助你梳理好思路。你不需要时，我继续默默陪伴。内向的孩子不喜欢表达，但他们有自己的想法，在学习上也有自己的思路。当他们能按照自己的思路去学习时，学习就会变成一件快乐的事情。

相反，如果父母自以为是，以指导者的角色指挥孩子的学习，就可能打乱孩子的学习节奏，伤害其自主性，很容易让孩子对学习失去兴趣。

特别需要强调的一点是，对内向的孩子来说，这个阶段他们如果能从学业中获得成就感，这种成就感所带来的高自我价值感和自信心将伴随他们一生。相反，如果孩子无法从学业中获得成就感，由此而来的自卑感也可能影响他们的一生。

12 岁至 18 岁

关键词：自我同一性　角色混乱

接下来，内向的孩子开始走向成年前最重要的一站：青春期。青春期孩子的最典型表现就是叛逆，像个小刺猬一样很容易扎伤身边的人。其实，叛逆只是一个表象，它的内在核心是：我要开始接管自己人生的方向盘，我的生活我做主。

如果说孩子在之前的生活中，更多是听从父母和老师的安排，扮演的是一个顺从的乖孩子的角色。那么进入青春期后，他们的自我意识开始觉醒，他们想推开父母，按照自我的意志来安排自己的人生。

在埃里克森看来，青春期最重要的人生课题，就是建立自我同一性。所谓自我同一性，就是一个人对“我是谁，我想成为什么样的人”，有了逐渐清晰和稳定的认识。

在这方面，内向的孩子和外向孩子略有不同。外向的孩子在自我同一性进程中更关注具体的问题，比如“我的学习成绩应该达到什么水平，我喜欢和什么样的人做朋友，将来我要选择什么样的职业”。而内向的孩子在自我同一性进程中更关注抽象的问题，比如“我的价值观是怎样的，我的人生理想是什么，生活的意义是怎样的”。

建立自我同一性，不仅取决于自己怎么想，怎么看待，还取决于现实生活的反馈。简单来说，如果青少年身上种种叛逆的言行能够得到父母和老师的包容与接纳，就更容易帮助他们平稳地走出这段青春风暴。

对内向的孩子来说，这种被接纳不仅是生活层面的，更重要的是精神层面的。如果父母能够理解自己的一些想法和念头，或者在一些重要问题上能够与父母产生精神共鸣，就有助于他们形成稳定的自我，找到自己在生活中的位置。

相反，如果父母和孩子之间缺少尊重、理解，经常爆发冲突，就可能导致孩子在心理上产生角色混乱，也就是不知道自己是谁，不知道自己想要什么，整个人会陷入一种迷茫的状态中无法自拔。

另外需要注意的是，青春期的孩子太叛逆让人头疼，但太听话也不一定是好事。太听话说明孩子的自我还处于沉睡的状态，在该破土而出的阶段没有萌芽。这种情况容易引发中年叛逆，也就是在30岁左右，有的人会远走他乡，和父母断绝关系；有的人在婚姻和事业问题上会与父母产生激烈的冲突，导致关系紧张；还有的人会选择“躺平”，断绝一切社会活动，躲在家里“啃老”，等等。

所以，青春期叛逆是人生的必经阶段，在该建立自我的时候没有建立，后面的问题会更复杂、更棘手。

18 岁至 25 岁

关键词：亲密感 优势领域

在埃里克森看来，成年早期的主要课题是追求和体验亲密感。在感情上，我们走进了恋爱的季节。

很多内向者在刚恋爱的时候，爱上的往往不是对方真实的样子，而是自己想象的样子。当遇到一个自己喜欢的人时，他们会把自己对爱情的所有幻想和期待，都投射到对方身上。一方面，这会让对方显得更加完美，成为自己心中的“女神”或“男神”，使得这段感情更具有浪漫主义的光环；另一方面，在相处的过程中，想象中的对方和真实的对方会有很大的落差，如果不能觉察这种落差，就会让两个人在相处的时候出现很多矛盾和冲突。

在性格的匹配上，因为很多内向者对自己的性格不够接纳，在这个阶段更容易被外向的异性所吸引，他们希望借助爱的力量让自己也变得更活泼、更开朗。所以，如果一个外向者对自己热情一点，主动一点，而对方又不是自己讨厌的类型，那么内向者很容易动心，并爱上对方。

需要注意的是，外向者往往情绪波动大，脾气好的时候很好，脾气差的时候很差，而且做事缺少耐心，时间久了会让内向者在感情中没有安全感。

在事业方面，内向者面临从学生到社会人这样一种身份的转变。迷茫，不知道自己适合做什么，这是内向者在这个阶段容易遇到的问题。对一个刚进入社会的新人来说，一切都需要适应，还需要不断积累社会经验，在这个过程中，内向的人感到迷茫，经常有挫败感都是正常的。

有些内向者非常焦虑，害怕自己输在起跑线上。尤其是看到身边的人，有的有了很明确的事业方向，有的很善于经营人际关系，借助人际关系来为自己的事业开路，而自己什么都没有，就担心被这个时代抛弃。内向者本身就慢热，起跑的节奏也很慢，不管学习也好，工作也好，都会显得比别人慢半拍。但内向者的优点在于厚积薄发，一旦度过了适应期，以后的状态会越来越好。

其实，刚进入社会的前几年是一个人事业上的磨合期。在这段时期，不管你做出了一些成绩还是没有做出成绩，都不是最重要的。最重要的是去试错，换句话说，通过不断尝试，发现自己的优势领域。

一般来说，内向的人具有优势的领域是那些独立性强的工作。所谓独立性强，就是不需要太多团队协作，一个人就可以独自做好的工作。比如，内向者可能更适合选择成为作家、艺术家、程序员、财务人员、教师、科研人员，以及其他专业技术人员，等等。

此类工作更强调专注力和创造力，需要稳定性和深度思考的能力，而这都是内向者擅长的方面。

内向者需要尽量回避的，是那些对社交技能要求很高的工作，比如销售、公关、律师职业等。当然，并不是内向者一定做不好这些工作，只是从概率来说，内向者在这些领域没有外向者更擅长，没有较大优势而已。

如果你是一个刚走进社会的新人，在考虑事业发展方向时，最好还是选择一个适合自己性格的工作，这样进入的门槛会更低，以后获得的成就会更大。

有些内向者可能会担心，如果一开始选择的工作缺少与人打交道的机会，自己会不会越来越自我封闭？这种担心是有道理的，人人都需要锻炼自己的社交能力，但如果因为有这样的担心，而选择对社交技能要求特别高的职业，这样的选择顺序是不合理的。

我们之前讨论过，培养社交能力的关键并不在于技巧，而在于心态。如果你在人际交往中坦然自若，不卑不亢，即使话不多，也不会有人轻视你。内向者在社交中的问题就是不自信，内心容易慌乱。那么怎样才能获得自信呢？从根本上说，人的自信还是基于一个人的成就，尤其是事业上的成就。

如果你能先做一份适合自己的工作，在工作中获得成就感，内在的自信心就可以被激发出来。然后你再扩展一下自己的舒适区，再去参与一些需要和人打交道的工作，慢慢地，你的自信就建立起来了。所以，我们一定要注意选择的顺序：

先做自己擅长的，再拓展自己不擅长的领域，而不是一上来就去做自己不擅长的。

25 岁至 35 岁

关键词：婚姻　核心价值

感情上，内向者经过一段时间的恋爱洗礼后，会走向婚姻。

当然，不是所有人都向往婚姻。有的人在感情中属于回避型依恋类型，这种类型的人在内心深处是害怕特别亲密的关系的。他们的典型表现是自己可以喜欢一个人，但是当发现对方也特别喜欢自己或者想和自己结婚时，就会本能地抗拒，然后落荒而逃。他们之所以恐惧亲密关系，是因为潜意识中不相信有人会真正爱自己，认为既然如此，不如主动远离。

还有的人选择单身，这是因为在成长的过程中，他们的父母关系不好，或者有出轨、离婚等创伤性事件，导致这些人不再相信婚姻，于是他们通过单身的方式来避免原生家庭中所体验到的痛苦感受。

对于想走进婚姻的人来说，在这个阶段他们关注的问题是：对方是不是自己生命中那个“对的人”？关于什么样的人才是“对的人”，这是一个很个人化的问题，不同的人有不同的标准。当然，从经验的角度看，也有一些共性的标准可以参考。对于内向者，他们在伴侣的选择上更看重如下问题。

- 能聊到一起。
- 有相同的兴趣爱好。
- 三观一致。
- 相互尊重和理解。
- 有责任心，有安全感。

总的来说，内向者在选择伴侣时，会把精神需求置于物质需求之上。

当然，追寻爱从来不是一件容易的事情。有的人很幸运，一下就遇到了可以相伴终生的人。但更多的人在感情中是“摸着石头过河”，很多时候会犯错，会遇到一个错的人。

在心理咨询的过程中，我们经常遇到这样的求助：我现在和对方在一起很痛苦，但之前也有过很多快乐的时光，所以到底该不该放手呢？

其实，放手从来不是一个该不该的问题，而是一个想不想的问题。感情中没有对错，只有合适或不合适。一个人即便很好，但如果不适合你，或者给不了你想要的生活，那么也可以主动放手。

内向者尤其需要重视这个问题。我们习惯了坚持一段关系，而不喜欢主动放弃一段关系，哪怕这段关系带给自己的痛苦远大于幸福。敢于放手，也是感情中很重要的一种能力。当你发现路走错的时候，就要及时停下来。及时止损是所有人都要面对的人生课题，毕竟，只有离开“错的人”，我们才有机会遇见真正“对的人”。

事业上，内向者在逐渐适应职场后，开始走向事业发展的上升期。这个阶段最容易遇到的问题是，有的人勤勤恳恳工作了好几年，很努力，也很有责任心，但就是没有取得什么成就，一直在原地踏步，没有得到升职加薪。

造成这种停滞的关键原因，在于他们没有弄清楚自己在职场上的核心价值是什么。所谓核心价值，就是你身上具有的别人无法替代的能力。如果你拥有一些独特的能力，别人做不到的，你能做到；别人做得一般的，你能做得非常好，那你就是有核心价值的人。

你有了自己的核心价值，才有说话的资本，因为你无法被轻易地替代；你有了自己的核心价值，才有资本和别人谈合作，因为你身上的能力是一种其他人都想要的稀缺资源。

而要培养自己的核心价值，就需要在时间和精力上做好取舍和分配。简单来说，你应当把最多的时间和最好的精力放在最重要的事情上，在关键能力上不断学习和提升。而对于那些琐碎的、程序化的、不重要的事情，不必耗费太多的心血。

当然，核心价值就像罗马城，并不是短时间就可以建成的，它需要时间的积累。只要我们拥有恒心，成功就是大概率的事情。

35 岁至 55 岁

关键词：陪伴　自我实现

自中年期开始，我们的人生步入下半场。心理学家荣格认为，中年期是一个人关注点和兴趣的转变期。一个人如果在前半生把主要精力都投注在外在的世界，比如工作、人际交往，那么在后半生，他会重新审视自己的生活，转而关注此前一直被忽略的内心世界。

这种转变我们可以称之为由外而内。外向者通常遵循的是这样的人生路径。

对内向者来说，中年期也存在着转变期，只不过方向可能相反。内向的人前半生更多地活在自我的世界中，对外在的世界充满了不安和抵触，但是从中年期开始，他们会开始探索外在的世界，生活的重心开始由内向外发生转变。

比如社交上，年轻时内向者抵触社交，不愿意和不太熟悉的人交往，觉得这些所谓的人情往来虚伪造作，是一种负担。但随着生活阅历的增加，内向者慢慢发现社交并不是一件多么不堪的事情，人与人之间的交往，哪怕是陌生人之间的交往，也有很多乐趣和价值。

这种心态的转变，促使很多内向者开始重视各种社交活动，并热衷其中。他们在人际交往中也不再一味地被动，而是开始主动和自己感兴趣的或者有关联的人交往。这些新的社交体验，可以让内向者的人生拼图更完整。

感情上，内向者逐渐摆脱了理想化的倾向，不再将自己的爱人当做完美无瑕的“神”，也不再要求自己完美。他们开始看见一个真实的对方和自己：重要的不是你有多好，我有多好，而是我们两个人在一起是否舒服，是否能真正地做自己。

按照爱情三角理论，中年婚姻中人们的关注点已经不是激情和浪漫，而是陪伴。好的陪伴有如下特征。

- 尊重对方的想法和意愿。
- 遇到事情能好好沟通。
- 困境中能够相互扶持。
- 有话聊，喜欢分享生活的点滴。

如果陪伴出现了问题，两个人的婚姻则容易出现两个问题。一是爱情沉默症，主要表现是两个人没有明显的矛盾，也很少有激烈的争吵，但在一起的时候话越来越少，越来越沉默。两个人各忙各的工作，各玩各的手机，名义上是爱人，实际上更像是“室友”。二是出轨，当婚姻生活越来越平淡，或者相处的过程中矛盾重重时，有些人会选择出轨：既然你满足不了我，我就找个能满足我的人。

人在出轨时经常有一种错觉，觉得这个人能理解自己，懂自己，这才是真爱。但实际上，这种爱是建立在对现实生活的逃避基础之上的。即便有一天，两个人摆脱原来的婚姻真正走到一起，还是不可避免地要面对柴米油盐，要面对两个人之间的种种差异，问题依然存在。

所以，婚姻是需要用心去经营的。如果我们不努力，就很容易掉进各种陷阱之中。

事业上，内向者同样面临一个重要的转变。人生的前半段，我们的主要任务是培养能力、积累资源。在这个阶段，我们在意的是自己能做些什么。而在人生的后半段，我们则开始思考另一种问题：我喜欢什么？我真正想要的是什么？心理学家马斯洛将这种需求称为自我实现的需求，一个人只有做自己真正喜欢的事情，才可以真正地实现自我。所以在中年期，很多人会开始重新调整自己的职业规划。有的人会辞职创业，去按照自己的想法和意愿做自己想做的事情；有的人会更换赛道，从头选择一个自己真正喜欢的行业。

这里需要澄清的一点是，一个人的自我实现离不开成就感。但成就感的来源有两种：一种是外在的成就，也就是我们在事业上所获得的成绩，这一点很容易理解；另一种是内在的成就，比如一个人的学识，看问题的眼光和格局，做事的心态，等等。人们往往过于看重那些看得见的成就，觉得那才是唯一的成功。

但人生阅历丰富的人都知道，内心的成熟同样是人生中宝贵的财富。

内心成熟的人拥有一种能力，即便是做很普通、很平凡的事情，也可以从做事的过程中获得满足感和成就感。从某种意义上说，与常识相反，这是一种更高级的成就。

55 岁以后

关键词：自我完善　与自己和解

至此，我们走进人生的最后一个篇章——老年期。在这个阶段，我们会经常回顾和复盘自己的人生。如果我们认为自己这一生很有价值和意义，就会有一种自我完善的满足感。而如果认为自己这一生充满了挫败和遗憾，有很多想做的事情没有做，那么，失望感就会成为我们评价自己人生的主要感受。

老年期最重要的人生课题是与自己和解。不管我们取得了多大的外在成就，也不管我们留下了多少的人生遗憾，其实这些都不是最重要的，重要的是，你经历了什么？

人生的本质就是一场时间有限的体验。当时间到的时候，可以确定你不会带走任何东西，但这并不是说我们的人生就是一场虚空，就没有任何价值，它真正的价值在于你有没有珍惜这段时间，有没有好好地去体验和感受。

当我们放下对一个个外在结果的执念，接纳生活的不完美，接纳自己的局限和不完美时，就真正实现了与自己的和解。

延伸阅读：自我发展的年轮

上文中，我们以时间为轴，讨论了人生路线图上重要的几个节点，希望能为内向者的人生之路提供一些指引。

其实从另一个角度说，我们的自我也有一个抽象的发展年轮。认识和理解这个年轮，对我们经营好自己的人生有很大的帮助。

简单来说，一个人的自我，有三个层次。第一层，也是最里面的一层，是纯粹自我。在这个自我里，完完全全只有自己，没有其他人。

当你独处时，或者完全沉浸在内心世界里、忘记周围的一切时，体验到的就是纯粹的自我。有时候，你开车回到家，熄火后不会马上下车，而是会在车里发一会儿呆；有时候，夜已经很深了，家人都睡了，就剩你一个人，你会莫名地珍惜这样的时光。在类似这样的时刻，我们一般会理解为：给自己一点空间，和自己待一会儿。其实所谓“和自己待一会儿”，就是和内心的自己建立连接，体验一会儿纯粹的自我。

自我的第二个层次，就是家庭自我。我们为什么要和自己的爱人组建一个家庭呢？除了社会惯例的原因，除了繁衍后代的原因，从心理层面看，还有一个自我扩张的原因。

纯粹的自我是一个很小的自我，我们不会满足于这个小我，因为这个小我虽然纯粹，但是力量太小了，所以我们的自我会利用一切条件让自己变得尽可能大一点。

而当你和你的爱人组成一个家庭，建立了一种亲密关系后，对方身上的特质在某种意义上也就成为你的一部分。比如，对一个内向的妻子而言，自己不擅长社交，但是自己外向的丈夫很擅长。那么，当内向的妻子遇到社交上的难题，自己“搞不定”时，就可以通过丈夫来解决它。这就相当于，内向的妻子也拥有了部分外向的特质。

这就是家庭自我的价值，我们的家人成了我们自我的延伸，帮助我们获得自己原本不具有的一些能量，让我们拥有了一些原本自己没有拥有的能力。

自我的第三个层次，也是最外一层，就是社会自我。不管是朋友也好，同事也好，还是其他相处的人也好，当他们愿意为你做一些事情的时候，在某种意义上，他们就会成为社会自我的一部分。这也是外向的人为什么喜欢与人交往，喜欢到处交朋友的原因之一。

一个人的社会自我越发达，他拥有的力量就越强大。自己“搞不定”的事情，让能“搞定”的朋友出面解决；自己不擅长的工作，让擅长的同事来做就可以。因此，在社会上当你的资源足够多的时候，你就会有一种全能的感觉，似乎没有什么是自己解决不了的。

如果说纯粹自我是小我的话，那么社会自我就是一个大我。

这个大我在理论上可以无限大，它赋予一个人的力量在理论上也可以是无限大的。

这也是为什么有的人控制欲特别强的原因。控制欲强的人，总是用各种方法诱导，甚至强迫别人去做自己想做的事，这样的话，对方就会成为这种人实现自己意志的一个工具。正是因为有这样的好处，正是因为控制他人可以让一个人的自我如此膨胀，所以控制欲强的人才会乐此不疲地去控制他人。

对内向者来说，纯粹自我和家庭自我是他们比较享受的角色，但对社会自我而言，人生的前半段会比较弱小一点。

因为刚开始的时候，内向的人对外在世界没有安全感，很害怕被别人的意志吞噬，成为别人掌控的工具。所以，他们会减少与别人的交往，更多地在个人和家庭的小世界里活动，因为在这些领域内他们会更有安全感。

但是，当一个内向的人经历的事情多了，内心足够强大了，与别人交往的时候不用担心被控制了，他们增强社会自我的时机就成熟了。这个时候，内向者就需要扩大自己的舒适区，通过社交，通过更多的人际交往，让自己的社会自我获得发展。

如果你能迈出这一步，那最终你的自我就会真正舒展开，像一朵美丽的花，一层一层地完全绽放。

这是一种很美好的，也是很圆满的体验。希望有一天，你也能达到这样的圆满。